第一推动丛书：物理系列
The Physics Series

存在之轻
The Lightness of Being

[美] 弗兰克·维尔切克 著　王文浩 译
Frank Wilczek

U0339402

湖南科学技术出版社

THE
FIRST
MOVER

总序

《第一推动丛书》编委会

科学,特别是自然科学,最重要的目标之一,就是追寻科学本身的原动力,或曰追寻其第一推动。同时,科学的这种追求精神本身,又成为社会发展和人类进步的一种最基本的推动。

科学总是寻求发现和了解客观世界的新现象,研究和掌握新规律,总是在不懈地追求真理。科学是认真的、严谨的、实事求是的,同时,科学又是创造的。科学的最基本态度之一就是疑问,科学的最基本精神之一就是批判。

的确,科学活动,特别是自然科学活动,比起其他的人类活动来,其最基本特征就是不断进步。哪怕在其他方面倒退的时候,科学却总是进步着,即使是缓慢而艰难的进步。这表明,自然科学活动中包含着人类的最进步因素。

正是在这个意义上,科学堪称为人类进步的"第一推动"。

科学教育,特别是自然科学的教育,是提高人们素质的重要因素,是现代教育的一个核心。科学教育不仅使人获得生活和工作所需的知识和技能,更重要的是使人获得科学思想、科学精神、科学态度以及科学方法的熏陶和培养,使人获得非生物本能的智慧,获得非与生俱来的灵魂。可以这样说,没有科学的"教育",只是培养信仰,而不是教育。没有受过科学教育的人,只能称为受过训练,而非受过教育。

正是在这个意义上,科学堪称为使人进化为现代人的"第一推动"。

近百年来，无数仁人志士意识到，强国富民再造中国离不开科学技术，他们为摆脱愚昧与无知做了艰苦卓绝的奋斗。中国的科学先贤们代代相传，不遗余力地为中国的进步献身于科学启蒙运动，以图完成国人的强国梦。然而可以说，这个目标远未达到。今日的中国需要新的科学启蒙，需要现代科学教育。只有全社会的人具备较高的科学素质，以科学的精神和思想、科学的态度和方法作为探讨和解决各类问题的共同基础和出发点，社会才能更好地向前发展和进步。因此，中国的进步离不开科学，是毋庸置疑的。

正是在这个意义上，似乎可以说，科学已被公认是中国进步所必不可少的推动。

然而，这并不意味着，科学的精神也同样地被公认和接受。虽然，科学已渗透到社会的各个领域和层面，科学的价值和地位也更高了，但是，毋庸讳言，在一定的范围内或某些特定时候，人们只是承认"科学是有用的"，只停留在对科学所带来的结果的接受和承认，而不是对科学的原动力——科学的精神的接受和承认。此种现象的存在也是不能忽视的。

科学的精神之一，是它自身就是自身的"第一推动"。也就是说，科学活动在原则上不隶属于服务于神学，不隶属于服务于儒学，科学活动在原则上也不隶属于服务于任何哲学。科学是超越宗教差别的，超越民族差别的，超越党派差别的，超越文化和地域差别的，科学是普适的、独立的，它自身就是自身的主宰。

　　湖南科学技术出版社精选了一批关于科学思想和科学精神的世界名著，请有关学者译成中文出版，其目的就是为了传播科学精神和科学思想，特别是自然科学的精神和思想，从而起到倡导科学精神，推动科技发展，对全民进行新的科学启蒙和科学教育的作用，为中国的进步做一点推动。丛书定名为"第一推动"，当然并非说其中每一册都是第一推动，但是可以肯定，蕴含在每一册中的科学的内容、观点、思想和精神，都会使你或多或少地更接近第一推动，或多或少地发现自身如何成为自身的主宰。

再版序
一个坠落苹果的两面：
极端智慧与极致想象

龚曙光
2017年9月8日凌晨于抱朴庐

连我们自己也很惊讶，《第一推动丛书》已经出了 25 年。

或许，因为全神贯注于每一本书的编辑和出版细节，反倒忽视了这套丛书的出版历程，忽视了自己头上的黑发渐染霜雪，忽视了团队编辑的老退新替，忽视好些早年的读者，已经成长为多个领域的栋梁。

对于一套丛书的出版而言，25 年的确是一段不短的历程；对于科学研究的进程而言，四分之一个世纪更是一部跨越式的历史。古人"洞中方七日，世上已千秋"的时间感，用来形容人类科学探求的速律，倒也恰当和准确。回头看看我们逐年出版的这些科普著作，许多当年的假设已经被证实，也有一些结论被证伪；许多当年的理论已经被孵化，也有一些发明被淘汰 ……

无论这些著作阐释的学科和学说，属于以上所说的哪种状况，都本质地呈现了科学探索的旨趣与真相：科学永远是一个求真的过程，所谓的真理，都只是这一过程中的阶段性成果。论证被想象讪笑，结论被假设挑衅，人类以其最优越的物种秉赋 —— 智慧，让锐利无比的理性之刃，和绚烂无比的想象之花相克相生，相否相成。在形形色色的生活中，似乎没有哪一个领域如同科学探索一样，既是一次次伟大的理性历险，又是一次次极致的感性审美。科学家们穷其毕生所奉献的，不仅仅是我们无法发现的科学结论，还是我们无法展开的绚丽想象。在我们难以感知的极小与极大世界中，没有他们记历这些伟大历险和极致审美的科普著作，我们不但永远无法洞悉我们赖以生存世界的各种奥秘，无法领略我们难以抵达世界的各种美丽，更无法认知人类在找到真理和遭遇美景时的心路历程。在这个意义上，科普是人类极端智慧和极致审美的结晶，是物种独有的精神文本，是人类任何其他创造 —— 神学、哲学、文学和艺术无法替代的文明载体。

在神学家给出"我是谁"的结论后，整个人类，不仅仅是科学家，包括庸常生活中的我们，都企图突破宗教教义的铁窗，自由探求世界的本质。于是，时间、物质和本源，成为了人类共同的终极探寻之地，成为了人类突破慵懒、挣脱琐碎、拒绝因袭的历险之旅。这一旅程中，引领着我们艰难而快乐前行的，是那一代又一代最伟大的科学家。他们是极端的智者和极致的幻想家，是真理的先知和审美的天使。

我曾有幸采访《时间简史》的作者史蒂芬·霍金，他痛苦地斜躺在轮椅上，用特制的语音器和我交谈。聆听着由他按击出的极其单调的金属般的音符，我确信，那个只留下萎缩的躯干和游丝一般生命气息的智者就是先知，就是上帝遣派给人类的孤独使者。倘若不是亲眼所见，你根本无法相信，那些深奥到极致而又浅白到极致，简练到极致而又美丽到极致的天书，竟是他蜷缩在轮椅上，用唯一能够动弹的手指，一个语音一个语音按击出来的。如果不是为了引导人类，你想象不出他人生此行还能有其他的目的。

无怪《时间简史》如此畅销！自出版始，每年都在中文图书的畅销榜上。其实何止《时间简史》，霍金的其他著作，《第一推动丛书》所遴选的其他作者著作，25年来都在热销。据此我们相信，这些著作不仅属于某一代人，甚至不仅属于20世纪。只要人类仍在为时间、物质乃至本源的命题所困扰，只要人类仍在为求真与审美的本能所驱动，丛书中的著作，便是永不过时的启蒙读本，永不熄灭的引领之光。

虽然著作中的某些假说会被否定，某些理论会被超越，但科学家们探求真理的精神，思考宇宙的智慧，感悟时空的审美，必将与日月同辉，成为人类进化中永不腐朽的历史界碑。

因而在25年这一时间节点上，我们合集再版这套丛书，便不只是为了纪念出版行为本身，更多的则是为了彰显这些著作的不朽，为了向新的时代和新的读者告白：21世纪不仅需要科学的功利，而且需要科学的审美。

当然，我们深知，并非所有的发现都为人类带来福祉，并非所有的创造都为世界带来安宁。在科学仍在为政治集团和经济集团所利用，甚至垄断的时代，初衷与结果悖反、无辜与有罪并存的科学公案屡见不鲜。对于科学可能带来的负能量，只能由了解科技的公民用群体的意愿抑制和抵消：选择推进人类进化的科学方向，选择造福人类生存的科学发现，是每个现代公民对自己，也是对物种应当肩负的一份责任、应该表达的一种诉求！在这一理解上，我们将科普阅读不仅视为一种个人爱好，而且视为一种公共使命！

牛顿站在苹果树下，在苹果坠落的那一刹那，他的顿悟一定不只包含了对于地心引力的推断，而且包含了对于苹果与地球、地球与行星、行星与未知宇宙奇妙关系的想象。我相信，那不仅仅是一次枯燥之极的理性推演，而且是一次瑰丽之极的感性审美……

如果说，求真与审美，是这套丛书难以评估的价值，那么，极端的智慧与极致的想象，则是这套丛书无法穷尽的魅力！

纪　念

萨姆·特雷曼和希尼·科尔曼——

科学上的导师，终生的朋友

关于书名

The Unbearable Lightness of Being[1] 是我钟爱的作家米兰·昆德拉的著名小说的书名。它有多层含义，其实质是尽量从我们生活的表面上变幻莫测、奇奇怪怪有时甚至野蛮的世界中找出规律和意义来。当然，昆德拉通过故事和艺术手法对这些问题的处理与我在本书中通过科学和（浅显的）哲学来处理有很大的不同。至少在我看来，对实在（reality）日渐深刻的理解已经使存在（being）变得不仅能够承受，而且令人陶醉 —— 应当说极富魅力。因此，我划去 Unbearable 而承其意，是为《存在之轻》。

这里还有个噱头。本书的主旨是要超越将天光（celestial light）和地物（earthy matter）进行对比的古老做法。在现代物理学看来，宇宙间只有一物，而且它更接近传统的光的概念而不是传统的物质概念。因此，你不妨从存在之光的角度展开想象。

---

1. 这部小说最早是著名小说家韩少功与韩刚合译的（1985年），中译名为《生命中不能承受之轻》。2003年，南京大学外语系许钧教授应上海译文出版社之邀完整重译了这部小说，定名为《不能承受的生命之轻》。但 being 这个词不只是指生命，而是更广泛的"存在"，本书中就更是如此。——译注

阅读导引

本书的章节安排再简单不过：从头到尾，逐章读去。
而且我还给出了如下一些内容：

- 　详细的术语解释，这样你就不必为一个不熟悉的词前后倒腾50多页来寻找它的出处。它还是一个为社交场合提供谈资的富矿，其中不乏玩笑。
- 　每章都有注释，用来阐明细节和某些重要的题外话，包括参考文献。
- 　3个附录。前两个分别在第3章和第8章有讨论，以便深入；第三个附录是对第20章里描述的重要发现所做的一个个人陈述。
- 　网址itsfrombits.com，由此你可以找到更多的图、链接以及与本书相关的新闻。

在文中遇到这些内容时你可以绕过去，但如果你喜欢刨根问底，你会发现这些附录很有用。我原曾想将第8章内容压缩一下，但最终还是没这么做，因此你会发现这一章有点无事瞎忙活。

目录

物质不像它看上去那么简单。它最明显的特征是对运动的抵制，或称为惯性或质量——称谓不同，理解的深浅亦有差别。通常物质的质量是宇宙更基本的建筑构件——能量——的具体体现，而能量本身是无质量的。空间也不像它看上去那么简单。在我们眼里空无一物的地方不过是我们心灵复杂的自主活动的一种反映。

1

质量起源

第1章
把握"世界"

宇宙既非我们过去所认为的那样，亦非它现在所显现的这样。　3

这世界是怎么回事？ 面对周围的大千世界，历经磨难的和直面死亡的人们会被逼得问出这样的问题。答案的来源可谓多种多样：古代圣贤之书和传统，他人的爱和智慧，音乐和艺术的创造。每一种来源都说对了一部分。

然而，从逻辑上说，探索答案的第一步应当是搞清楚这里的"世界"是指什么。我们生活的这个世界本身有些重要而又惊人的事情值得说道，这就是本书的主题。我的目的是想让你加深对你我生存其中的这个世界的理解。

感官与世界模型

作为开始，我们用陌生的原始材料来构建我们的世界模型：用演化"设计"的信号处理工具滤去宇宙中多余的信息，使它成为不多的几股输入数据流。

数据流？其实它们更熟悉的名称是视觉、听觉、味觉等。从现代观点看，所谓视觉不过是对穿过我们眼睛微孔的电磁辐射进行取样，而且择取的只是很宽的电磁波谱中很窄的色谱段。我们的听觉监测耳鼓附近的气压，味觉提供对空气中撞击我们鼻膜的古怪气味的化学分析。其他感觉系统则提供另外一些粗略信息，如我们身体的整体加速（运动感觉），皮肤表面的温度和压强变化（触觉），舌头对微量化学成分的简单测定（味觉），以及其他一些感觉等。

这些感觉系统使得我们的先人 —— 我们今天依然如此 —— 建立起一个丰裕、动态的世界模型，并使它们能够有效地应对世界的变化。这个世界模型中最重要的组成部分是那些基本稳定的对象（如人、动物、植物、岩石 …… 太阳、星星、云朵 ……），其中有些对象变动不居，有些充满危险，有些可食用，有些（那种精挑细选出来令我们特别感兴趣的）则构成理想的伴侣。

那些提高我们感觉的仪器装置则揭示出一个更为丰富的世界。当安东尼·范·列文虎克（Antonie van Leeuwenhoek）在1670年通过第一台制作精良的显微镜窥视生物世界时，他看到了一个完全不曾预料的隐秘的生物序列。很快他就发现了细菌、精子和肌纤维的带状结构。今天我们知道，引起许多疾病（和健康）的原因在于细菌，遗传基础与微小的精子有关（当然这只是其中的一半原因），而我们的运动能力则与肌纤维的带状结构相关。同样，当伽利略在1610年首次将望远镜指向天空时，他的眼前呈现出一个丰富的世界：他发现了太阳黑子、月球上的山脉、木星的卫星和银河系里亮度不等的恒星。

但使感官能力得以增强的最终机制当属思维的大脑。大脑的思维使我们能够认识到，这个世界一定还有比我们眼睛能看到的更多的东西，而且在许多方面表现为不同的事物。这个世界的许多重要事实不会直接呈现在我们的感官之前。季节的更替，日出日落的周年锁定，5夜空中的星移，更复杂但仍可预料的月球和行星的运动，以及它们与星食的联系等——这些模式不会跳入眼帘、耳朵或鼻子，但是思维的大脑却可以关注它们。在注意到这些规律性之后，思维的大脑很快发现，它们比指导日常计划和预期的掐指估算更有规律。那些隐藏在背后的更深刻的规律很适于运用计算和几何来把握：一句话，更具有数学上的精确性。

其他一些隐藏着的规律则显现于技术和艺术实践领域。弦乐器的设计发展史就是一个绝好的重要例证。大约在公元前600年，毕达哥拉斯曾观察到，当乐器的弦长比为简单整数比时，琴声最和谐。受此启发，毕达哥拉斯及其追随者直观地做出了一项著名的思维跳跃。他们预言，可能存在一种不同的世界模型，它较少地依赖于我们的感官认识，但却与自然背后隐匿着的和谐性更相符，而且也更贴近实在的本来面目。这正是毕达哥拉斯兄弟会信条"万物皆数"的意义所在。

17世纪的科学革命使古希腊先哲的这些梦想开始成为现实。这场革命导致艾萨克·牛顿提出了运动和万有引力的数学定律。牛顿定律使我们可以精确计算出行星和彗星的运动，并为描述一般意义上的物质运动提供了强大的工具。

然而，牛顿定律适用的世界模型与我们日常的直观体验有很大的不同。由于牛顿的空间是无限的和均匀的，地球及其表面不具有特殊性。方向上的"上"和"下"以及各个"侧面"本质上是相似的。静止也不具有超越均匀运动的特殊地位。所有这些概念没有一个符合日常的生活经验，它们令牛顿的同时代人，甚至牛顿本人陷入困境。(牛顿曾对运动的相对性感到不安，即使它是牛顿方程的一个合乎逻辑的结果。为了从中解脱出来，他提出了存在"绝对"空间的假设，这样，绝对的静止和运动才有了定义。)

6 另一个重大进展出现在19世纪，这就是詹姆斯·克拉克·麦克斯韦提出的关于电和磁的方程组。新的方程组能用精确数学化的世界模型解释更广泛的现象，包括已知的和新预言的光(例如我们现在所说的紫外线辐射和射电波)。但是，我们再一次看到，认识上的重大进展需要重新调整和扩大我们对实在的看法。凡在牛顿描述的受引力作用的粒子运动的地方，麦克斯韦方程组均代之以"场"和"以太"的作用。根据麦克斯韦方程组，我们感官认为空无一物的地方实际上充满了看不见的电场和磁场，它们对我们观察到的物质施加作用力。虽然这些概念始于数学，但场的概念一旦在方程中出现就有了自己的生命。变化的电场产生磁场，变化的磁场产生电场。因此，这些场可以来回地相互激活，并形成以光速传播的自生性扰动。自从麦克斯韦以后，我们便认识到，这些扰动正是光的本质。

牛顿、麦克斯韦以及其他许多杰出人物的这些发现大大扩展了人类的想象力。但只有在20世纪和21世纪的物理学中，毕达哥拉斯的梦想才真正得以实现。随着我们对物质相互作用基本过程的描述变得更加完整，我们将看到更多的新现象，观察的方法也大不相同。世界的深层结构完全不同于其表面结构。我们与生俱来的感官并不适于体验我们这个最完备和最精确的世界模型。因此你有必要拓宽你对实在的看法。

力量、意义和方法

当我还是孩子时，我特别喜欢探讨那些与事情表面下隐藏的巨大力量和隐秘意义有关的概念。[1]我曾被带去看魔术表演，于是就想成为一个魔术师。但是我的第一个魔盒让我感到深深的失望。我懂得了，魔术的秘密并不具有真正的力量，不过是一种诡计。

后来，我迷上了宗教，具体说是伴我成长的罗马天主教信仰。由此我被告知，事物表面的背后都存在着神秘的意义，存在着由祈祷和仪式所支配的巨大力量。但当我学到更多的科学知识之后，我明显感到古代经文中给出的一些概念和解释显然是错误的，当我了解到更多的历史并掌握了更多的史学知识（历史记录）之后，这些书中的好些故事就更值得怀疑了。

但我发现，最令我失望的还不是这些神圣经书中包含的错误，而是它们经不起对比。相较于我在科学上习得的知识，它们拿不出多少真正令人惊讶的有力见解。能够反驳无限空间概念的观点在哪里？能够对抗时间无限延伸概念的观点，能够说明与太阳相当甚至比太阳更大的遥远恒星的观点又在哪里？它们能预见事物背后的力量和新的

1.现在我依然如此。

不可见的"光"吗？它们能说明人类在理解自然过程基础上学会的如何利用和控制巨大能量的事实吗？我在想，如果上帝真的存在，那么他（或她，或者他们，或它）就应当在现实世界中做出一件令人印象深刻的事情而不是在古老的经书中显示自身的存在；与医学和技术在日常生活中产生的奇迹相比，信仰和祈祷的力量是孱弱的，不可靠的。

"打住吧你，"我听到传统卫道士的反对声，"对自然世界的科学研究不会揭示其意义。"

对此我的回答是：给它机会。对于世界为什么是这个样子，科学已经给出了一些非常令人震惊的事实。在你知道它是什么之前，你别指望弄懂它意味着什么。

在伽利略时代，哲学和神学（两个不可分割的领域）教授曾基于繁琐的形而上学观点大段论述过实在的性质、宇宙的结构和这个世界的运行模式。当时，伽利略测量了沿斜面滚动的球的速度会有多快。就这么一件平凡的事情，经院哲学家的论述也是大而含糊，而伽利略的研究则显得清楚准确。旧的形而上学观点从来不曾有进步，而伽利略的工作则最终结出了丰硕的成果。伽利略也关心大问题，但他认识到，要获得事实的真正答案，需要耐心和谦卑。

这个教训在当今依然有效。说明那些具有终极意义的大问题的最好方式可能还是与自然对话。我们必须先提出一些小问题，让自然有机会做出有意义的回应，这些回应很可能使我们感到惊讶。

　　这种处理问题的方式并不是自然产生的。生活中，我们需要利用手头掌握的信息迅速做出决定。人在猎物面前要迅速投出他的矛，否则他自己就成了猎物的牺牲品。他们没有时间停下来先研究完运动定律、矛的空气动力学并计算好运动轨迹再采取行动。想一口吃成个胖子是肯定行不通的。进化使我们变得善于学习和运用经验法则，而不是去寻找终极原因和对事物进行细微的区分。我们的优势不在于为了抓住可观察结果背后的基本规律而去进行长长的计算，这方面电脑要比我们强得多！

　　要想从与自然的对话中充分受益，我们必须先学会使用它的语言。那种让200 000年前非洲热带草原上的人们能够生存繁衍下来的思考模式将不再有效。因此你得更新你的思维方式。

质量的中心地位

　　在这本书里，我们将探讨一些能够想象得到的重大问题。如物理世界的终极结构问题，空间的性质，宇宙的内涵和人类的未来等问题。不过，受伽利略的启发，我将在与自然对话的过程中按照这些问题出现的具体情形来处理这些问题。

　　我们首先遇到的大问题是质量。为了深入理解质量概念，我们将一路领略牛顿、麦克斯韦和爱因斯坦在这一问题上的观点，考察许多最新也是最奇怪的物理概念。我们会发现，对质量的理解将使我们能够处理关于统一性和引力这样的根本性问题，这些都是当前最前沿的研究。

为什么质量是如此重要？我来给你讲个故事。

很久以前，有一种叫作物质的东西，它非常结实，有重量，而且永远在那里。而另一种被称为光的东西却完全不同。人们用不同的数据流来感觉它们：用触觉来感觉物质，用视觉来感觉光。物质和光一直是——现在仍然是——对实在的其他各个方面的一种有力的隐喻：肉体的和精神的，现实的和潜在的，地上的和天上的，等等。

物质从无到有出现的一刹那，一定是个奇迹，就像耶稣用6条面包使五千众人果腹[1]。

物质的科学实质，其不可再分的核心，是质量。质量规定了物质反抗运动的能力，也就是它的惯性。质量是不变的，即具有"保守性"。它可以从一个物体转移到另一个物体，但永远不会增生或被消灭。对牛顿来说，质量定义了物质的多少。在牛顿物理学中，质量提供了力和运动以及引力源之间联系的桥梁。而在拉瓦锡看来，质量的稳定性及其精确的守恒性，则构成了化学的基础和富有成果的发现指南。如果质量看上去消失了，那就得找出新的物质形式——哇，氧气！

光没有质量。光不用推动就可以以巨大的速度从光源传递到接收器。光很容易就可以产生（发射）或湮没（被吸收）。光也不具备引力那样的拉力。你在元素周期表中找不到光的位置，这周期表里分布的

---

1. 耶稣用6条面包和7串葡萄使五千众人果腹的事迹见《十二门徒福音》（经文29，1~8）。据专家考证，1888年被重新发现的《十二门徒福音》是失落已久的原始福音。而在现今流行的《新约·马可福音》中，这一事迹被改成了五饼二鱼的故事（见《马可福音》6:31~44）。——译注。

可都是物质的各种构件。

在近代科学诞生前的几百年以及诞生后的两个半世纪里，实在分为物质和光似乎是不言自明的。物质有质量，光没有质量；并且质量是守恒的。如果有质量物质与无质量的光始终彼此隔绝，那么物理世界就无法实现统一的描述。

在20世纪的前半叶，相对论和（特别是）量子理论的出现摧毁 10 了经典物理学的基础。现存的物质和光的理论几同废墟。这一创新性的破坏过程使得我们有可能在20世纪下半叶建造起一个新的更深刻的物质/光理论，它将彻底破除自古以来对两者分离的认识。新理论认为，世界是建立在充满以太的多层级空间基础上的，我称其为"网格"。新的世界模型尽管极其古怪，但却非常成功而精确。

新世界模型为我们提供了对普通物质质量起源的新认识。有多新呢？这么说吧，物质的出现与相对论、量子场论和色动力学均有关系——后者是研究支配夸克和胶子行为特有规律的学问。如果不深入运用所有这些概念，你就不可能理解质量的起源。这些概念都是20世纪才出现的，而且只有（狭义）相对论是一个真正成熟的理论。量子场论和色动力学至今仍是活跃的研究领域，还有许多问题有待解决。

这些理论的高度成功以及从中获得的许多新知，使得物理学家带着希望进一步整合的思想跨入21世纪。这些思想是：继续在实现对自然界表面上各不相同的力予以统一说明的大道上前行，力争实现对我们今天运用的各层次物质间表观上各不相同的媒介予以统一的描述并检验。对这些思想是否正确，我们已经有了一些诱人的正面迹象。随着大型加速器LHC（大型强子对撞机）开始运行，在未来几年我们就将看清楚这些概念的有效性。

　　　听：一个良好的宇宙就在隔壁，我们走吧。

　　　　　　　　　　　　　　　　　　　　　　　——e.e.卡明斯[1]

---

1. 卡明斯（Edward Estlin Cummings, 1894—1962），美国诗人，小说家，诗作以形式奇特、遣词出格而著称，为反传统，署名和诗句均只用小写字母。—— 译注

第 2 章
牛顿第零定律

什么是物质？牛顿物理学对此给出了深刻的回答：物质就是有质 [11] 量的东西。但我们现在已不再将质量看成是物质的根本属性，这是实在的一个重要方面，对此我们必须予以检验。

在《自然哲学的数学原理》（1686）这部使经典力学得以完善并引发18世纪启蒙运动的巨著中，艾萨克·牛顿给出了3条运动定律。今天在我们教授经典力学课程时，通常也是从某种版本的牛顿三定律开始的。但是这些定律并不完备，还有另一条原理，缺了它牛顿三定律就大大失去了其力量。在牛顿看来，这条隐藏着的原理对于物理世界是如此重要，以至于他不是将它作为一条支配物质运动的定律，而是把它当作了什么是物质的定义。

在我教授经典力学时，我总是从引入我称之为牛顿第零定律的这条隐蔽的假定开始，但我又强调它是错的！一个定义怎么会是错的？一个错误的定义怎么能够成为伟大的科学工作的基础呢？

著名的丹麦物理学家尼尔斯·玻尔将真理区分为两种。普通的真理是这样一个陈述，其反面一定是一个伪命题。而深刻的真理则是其反面也具有深刻的真理性。

12　　本着这种精神，我们可以说，普通的错误只是把人引入死胡同，而深刻的错误才导致知识的进一步发展。任何人都会犯普通错误，只有天才才会犯深刻的错误。

　　牛顿第零定律就是这样一个深刻的错误。它是支配物理学、化学和天文学长达 2000 多年的旧体制的核心教条。只是到了 20 世纪开端，普朗克、爱因斯坦和其他一些人的工作才开始对这一旧体制构成挑战。到 20 世纪中叶，在新的实验发现的猛烈轰炸下，这一旧体制终于土崩瓦解。

　　对旧体制的破坏为新的创造开辟了道路。我们的新体制为理解物质是什么提供了一个全新的框架。新体制是基于这样一些法则，它们不只是在细节上而是在本质上不同于旧的法则。探索这场基本认识上的革命及其后果，正是本书的主题。

　　但要评价这场革命，我们首先必须找准旧体制的缺陷。按玻尔的话说，这些错误应当是深刻的。牛顿物理学旧体制为我们制定了相对简单而实用的法则，用它来支配物理世界显得非常有效。实际上，我们现在仍然在运用这些法则来管理更为平和、好解决的现实世界。

　　因此，首先让我们来仔细研究一下牛顿的这条隐藏的假设 —— 即他的第零定律 —— 的巨大力量及其致命弱点。这条原理讲的是，质量既不创生也不会被消灭。无论发生什么事情 —— 碰撞、爆炸、

百万年的风雨 —— 如果你将开始时或结束时或过程中任何时刻的所有材料的总质量加起来，得到的总是同一个总和。用行话来说，这是因为质量是守恒的。按标准的称呼，这条牛顿第零定律有个尊严的名字，叫"质量守恒"。

上帝与第零定律

当然，为了把第零定律变成关于物理世界的有意义的科学陈述，[13]我们必须规定如何来测量和比较质量。这一点片刻就能做到。但首先请允许我强调为什么第零定律不只是一条科学定律，而且是理解世界的一种策略 —— 一种长期以来看上去很好的策略。

有证据表明，牛顿自己通常用短语"物质的量"来指称我们今天所说的质量。他的这一用法意味着你不可能有没有质量的物质。质量就是对物质的最终量度。它能告诉你你拥有多少物质。没有质量，也就没有了物质。因此质量守恒表达的是 —— 的确，它就等同于 —— 物质的恒常性。在牛顿看来，第零定律不涉及多少实证观察或实验发现，而是一种必要的真理；它完全不适于用作定律，而是一个定义。或者更确切地说，正如我们一会儿会看到的那样，它表达了一种宗教真理 —— 一个有关上帝创造世界的方法的事实。（为了避免误解，在此我要强调，牛顿是一个很细心的实证科学家，他仔细考虑过他的这些定义和假设的后果，他将自然描述成在当时精确可测的对象。我不是说他让他的宗教思想战胜了实在。这里的关系相当微妙：这些思想给了他实在是如何运作的直觉。促使牛顿怀疑像第零定律这样的表述的真理性的不是艰苦的实验，而是强烈的直觉，一种来自他的关于世界是如何建构的宗教意识上的直觉。牛顿从不怀疑上帝的存在，他认为他在科学上的任务就是要揭示出上帝如何支配物理世界的方法。）

在他后来发表的《光学》（1704）一书中，牛顿更具体地表达了他对物质终极性质的设想：

> 在我看来，事实可能是，上帝开始造物时，将物质做成了结实、沉重、坚硬、不可入但可运动的微粒，其大小、形状和其他一些属性以及空间上的比例等都恰好有助于他创造它们的目的。由于这些原始微粒是固体，所以它们比任何由它们合成的多孔的物体都要坚硬得无可比拟。它们甚至坚硬得永远不会磨损或碎裂，没有任何普通的力量能把上帝在他第一次创世时他自己造出来的那种东西分开。

14 　　在这段非凡的论述中有几点值得我们注意。第一，牛顿把有固定质量的特性作为物质终极构件的最基本属性之一。他称其为"沉重"。在牛顿看来，质量并不是那种你可以用更简单的名词来解释的概念。它是物质的终极描述的一部分，已经是最底层的概念。第二，牛顿将我们在大千世界看到的变化归结为基本构件即基本微粒的重新组合。基本构件本身既不创生也不会销毁 —— 它们只是在运动。一旦上帝将它们创造出来，它们的性质，包括其质量，就永远不再改变。牛顿的运动第零定律，即质量守恒定律，依据的就是这两点。

走向真实

现在我们必须从诸如为什么说质量守恒可能是对的或必定是正确的这样的轻率的哲学加神学的思考中解脱出来，回到如何通过测量来检验其正确性的实际问题上来。

我们怎样来测量质量呢？最熟悉的方式是使用量器。有一种量器，就是节食者在他们的浴室里常用的那种，是通过比较弹簧的压缩量来比较物体（即节食者）的体重变化。与此很相近的是渔民使用的秤，它是通过比较悬挂物体的弹簧的拉伸量多少来确定物体（即鱼）的重量。弹簧的拉伸或压缩长度正比于待称量物体向下的重力，即我们通常所说的体重，它正比于身体质量。

在这个非常具体并切实可行的方法里，质量守恒相当于是说，在封闭系统内，等量物质将使弹簧拉伸等量的长度，无论其中是什么物质形式。这正是安东尼·拉瓦锡（Antoine Lavoisier，1743—1784）[15]在许多艰苦的实验中反复验证，并使他赢得了"近代化学之父"美名所依据的原理。当然他使用的量器肯定要比你在浴室里使用的更先进、更准确。拉瓦锡在他能够做到的精度范围内（通常是在千分之一左右）检查了各种各样化学反应前后的物质重量的变化。通过对反应过程中所有物质的严格控制——捕获可能泄漏的气体，收集爆炸后剩余的灰烬，等等——他终于发现了新的化合物和元素。拉瓦锡在法国大革命期间被送上了断头台。对此数学家约瑟夫·拉格朗日曾说："他们只用了一会儿便切断了他的头，但法国可能不会在一个世纪里产生另一个像他这样的人物了。"

用秤来比较质量很实用也很有效，但却不能用作一般的原理性的质量定义。例如，如果你将身体吊在半空中，这样体重称起来就会变小，但身体质量将保持不变。（磅秤会说谎，但腰围不会减少。）如果质量守恒定律真的是对的，那么质量就会保持不变！这不是在说车轱辘话，是有实际意义的，因为你可以用其他方式来比较质量。例如，你可以用同一门炮发射两颗炮弹，然后比较它们出膛时速度的快慢。根据牛顿的另一条运动定律，对于给定的冲量，物体的速度与其质量成反比。因此，如果一颗炮弹的出射速度比另一颗快一倍，那么它的质量一定只有另一颗的一半 —— 不管你是在地面还是在太空做这个实验。

我不打算进一步讨论测量质量的技术细节了，只是想指出一点，除了用秤和发射炮弹的方法外，我们还有很多办法来度量质量的大小，并检验它们的相互一致性。

衰落

牛顿第零定律被科学界采纳了两个多世纪，这不是因为它符合某些哲学或神学的直觉，而是因为它有效。这一定律与其他几条牛顿运动定律以及万有引力定律一起，构成了一座数学大厦 —— 经典力学 —— 它可以以相当精确的计算来解释行星及其卫星的运动，解释陀螺仪那种令人困惑的行为以及其他许多现象。它在化学上也显得卓有成效。

但它并不总是有效的。事实上，质量守恒会失效得相当彻底。位于日内瓦附近的欧洲核子研究中心实验室的大型电子对撞机（LEP）是20世纪90年代开始运行的。在这台装置上，电子和正电子（反电子）沿相反方向被加速到光速的10^{-11}倍，然后互相碰撞以产生大量的碎片。典型的碰撞将会产生10个π介子，1个质子和1个反质子。现在我们来比较一下碰撞前后的总质量：

$$电子+正电子：2 \times 10^{-28}\text{g}；$$
$$10个介子+1个质子+1个反质子：6 \times 10^{-24}\text{g}。$$

产生出来的质量约为输入质量的3万倍，真是糟糕。

　　很少有比质量守恒定律更基本、更成功、经过更仔细核实的定律了。但这一定律在此却遭到完全失败。这就好比魔术师放了2粒豌豆在她的帽子里，然后却抓出了几只小白兔。但是自然界母亲是不会骗人的，她的"魔术"是基于深刻的真理。我们要做的就是给予一定的解释。

质量有起源吗？

　　只要质量被认为是守恒的，那么问其来源是什么就没有任何意义。因为它总是相同的。你不妨问问自己42的起源是什么。（其实，如果[17]质量是守恒的，那么答案可以有各种各样，除非是上帝创造了基本粒子，那么上帝就是质量的起源。这是牛顿的答案，但不是我们在本书中所寻求的解释。）

　　在经典力学框架内，像"什么是质量的起源"这样的问题不会有答案，这可能是有道理的。因为用无质量的物体来构建有质量的物体必然导致矛盾，我们可以有很多方式来说明这一点。例如：

● 经典力学的核心是方程 $F = ma$。这个方程将动力学概念的力（F）与运动学概念的加速度（a）联系起来。前者归结为物体受到的拉力和牵引力，后者概述物体会有怎样的反应。质量（m）在这两个概念之间起调节作用。对于给定的力，物体的反应是小质量的物体获得的速度要快于大质量物体的速度。如果物体质量为零，那它还不跑疯了！要看清它到底跑得有多快，它的加速度只能是力除以零，这没有意义。因此，物体开始时总得有一定的质量。

● 根据牛顿的万有引力定律，每个物体施加的引力作用都正比于其质量。试想一下，一个非零质量的物体可以由无质量的组件搭建起来吗？你立即遇到矛盾。如果每个组件的引力作用都是零，那么无论你在零作用上叠加多少个零作用，最后得到的仍是零作用。

但如果质量不是守恒的 —— 实际上它的确不是 —— 我们就得寻求其来源。这不是基石，我们还得往深处挖掘。

第 3 章
爱因斯坦第二定律

　　爱因斯坦第二定律 $m = E/c^2$ 提出了是否可以更深入地将质量理解 [18]
为能量的问题。但就像惠勒说的，这样我们是不是就能够构造出"没
有质量的质量"？

　　当我开始在普林斯顿教书的时候，我的朋友兼导师萨姆·特雷曼
把我叫进了他的办公室。他有些想法希望得到我的支持。萨姆从桌上
拿起一份磨损了的平装本手册并告诉我："二战[1]期间，海军曾应急训
练一批新兵来建立并运行无线电通信。其中许多人是刚离开农场的新
兵，因此要将这批人很快带上路是一个巨大的挑战。但在这本大作的
帮助下，海军成功了。它不愧是一个教育学杰作，特别是第1章，你不
妨看看。"

　　他翻到第1章，把书递给了我。这一章的标题是"欧姆三定律"。
我很熟悉欧姆定律，即著名的 $V = IR$ 关系，它将电路的电压（V）、电
流（I）和电阻（R）联系起来，构成欧姆第一定律。

1.一战指第一次世界大战，二战指第二次世界大战。全书同。——编者注

　　我很好奇地查找着欧姆的其他两条定律。翻着脆弱泛黄的书页，我很快发现，所谓欧姆第二定律就是 $I = V/R$。于是我猜想欧姆第三定律想必就是 $R = I/V$ 了，结果证明我是正确的。

¹⁹ 寻找新定律，变简单

　　对于任何有初等代数经验的人来说，事情很明显，这三个定律彼此都是等同的，这个故事成为一个笑话。但它大有深意。（还有一个浅显的我认为正是萨姆希望我采纳的一点是，在给初学者授课时，你应该试着把同样的内容用几种稍许不同的方式说上几遍。在行家看来显而易见的联系对初学者来说未必一眼就能看穿。学生不会介意你对显然的内容反复唠叨。没人会反感你让他感到聪明。）

　　而要领会其深意则需联系到伟大的理论物理学家保罗·狄拉克所作的一段陈述。当有人问他该怎么去发现新的自然规律时，狄拉克回答道："我玩方程。"这句话的深刻性就在于，用不同的方法写出同一个方程可以暗示非常不同的事情，即便它们在逻辑上是等同的。

爱因斯坦第二定律

　　爱因斯坦的第二定律是

$$m = E/c^2$$

　　爱因斯坦的第一定律当然是 $E = mc^2$。它很著名，因为它表明有可能从少量物质质量中获得大量的能量。这不禁让人想起核反应堆和核弹。

爱因斯坦的第二定律则暗示了完全不同的事情。它意味着有可能从能量出发来解释质量的起源。"第二定律"的叫法其实并不妥当。在爱因斯坦1905年的原始文献中，你找不到方程 $E = mc^2$，找到的只有 $m = E/c^2$。（因此，也许我们应该称之为爱因斯坦第零定律。）事实上，那篇文献的标题是一个问句："物体的惯性取决于它的能量？"换句话说：物体的某些质量是否由其能量转化而来？也就是说，爱因斯坦最初考虑的是物理学的概念基础，而不是制造核弹或反应堆的可能性。 [20]

在现代物理学中，能量概念比质量概念更具核心地位。这表现在许多方面。真正守恒的是能量而不是质量。出现在各类基本方程，如统计力学的玻尔兹曼方程，量子力学的薛定谔方程和关于引力的爱因斯坦方程等方程中的也是能量。而质量似乎更多地与技术途径相联系，例如作为庞加莱群不可约表示的标号。（我甚至不打算对此多做解释——幸运的是，刚才的说明已经表达了这一点。）

因此，爱因斯坦方程提出了一项挑战。如果我们能用能量来解释质量，这将有助于改进我们对世界的描述，这样，构建世界所需的构件可能更少。

借助于爱因斯坦第二定律，我们可以有更好的答案来回答前面提出的问题。什么是质量的起源？可能就是能量。事实上，正如我们将看到的，这种可能性很大。

FAQ

在我做关于质量起源的讲座时，人们常问的问题有两个，都是关于如何用能量来解释质量这样的基本问题。

问题1：如果 $E = mc^2$，那么质量将正比于能量。因此如果能量守恒，是不是意味着质量也是守恒的？

答案1：简短的回答是 $E = mc^2$ 实际上只能运用到静止的孤立物体上。可惜的是这个一般公众最熟知的物理学方程已经被搞得有点俗气。一般来说，当你移动物体或让两个物体相互作用时，能量和质量是不成正比的。$E = mc^2$ 根本不适用。

更详细的答案参见附录A：粒子有质量，世界有能量。

问题2：用无质量构件搭建起来的物体如何感知引力？牛顿不是告诉我们说物体受到的引力正比于其质量吗？

答案2：在他的万有引力定律里，牛顿确实告诉我们，物体受到的引力正比于其质量。但在更精确的爱因斯坦的引力理论即广义相对论里，事情并非如此。完整的叙述相当复杂，在这里我不想多做解释。粗略而言，在牛顿认为力正比于 m 的地方，更精确的爱因斯坦理论均代之以 E/c^2。正如我们在前面的问题和答案里说的，两者不是一回事。

只是对于孤立、缓慢运动的物体，它们才几近相同，但对于有相互作用的多体系统或以接近光速运动的物体而言，两者区别极大。

事实上，光本身就是最引人注目的例子。光粒子即光子就是零质量。但光线会受到引力作用而弯折，因为光子有非零能量，引力会拉动能量。其实，验证广义相对论的最著名的方式之一就是检验经过太阳附近的光线的弯曲。在此情形下，太阳的引力造成无质量光子的偏转。

按这一思路继续走下去，你可以想象得到，广义相对论的一个重大结论是，一个物体的引力有可能是如此强大，以至于它能使光子偏转到完全被拉回，即使开始时光子走的是直线。这个物体会俘获光子，没有光可以摆脱它。这就是黑洞。

第 4 章
物质的构成

22　　　世界是由什么组成的？我们将从纯能量出发解释物质质量的起源。为了加强解释的准确性，我们必须非常清楚所谈论的内容。在此我们要区分哪些是普通物质，哪些不是。

　　"普通"物质是指我们在化学、生物学和地质学中研究的物质。我们平时用的建筑材料，包括我们身体本身，都由它组成。天文学家从望远镜里观察到的行星、恒星和星云也是普通物质，它们的构造材料与地球的构造材料并无二致。这是天文学最伟大的发现。

　　但最近，天文学家有了另一项伟大发现。具有讽刺意味的是，新发现表明，普通物质远不是宇宙的全部。不用扯远，事实上从整体上说，宇宙的大部分质量至少还有两种其他形态，即所谓暗物质和暗能量。这两种"暗"东西实际上是完全透明的，这也就是为什么它们能逃脱我们的注意达几百年。至今我们也只是通过它们对普通物质（如恒星和星系）的引力作用间接探测到其存在。在以后几章里我们会更多地讨论这些暗的对象。

如果考虑各种质量形式所占的比例,那么普通物质只能算是一小撮,只占全部质量的4%~5%。但它们却构成了我们这个世界的大部分结构、信息和爱。因此我想你会同意这是特别有趣的部分。也是我们迄今了解得最深入的部分。 [23]

在以后几章里,我们将从无质量构件出发来讨论95%的普通物质的来源。这里先给个结论,以后我们再具体解释为什么这么说(毕竟,我们引用了数字)。

构件

认为物质[1]可以分解为少数几种原初构件的猜想至少可以追溯到古希腊人,但坚实的科学理解只是到了20世纪才成为可能。人们通常说,物质是由原子构成的。伟大的物理学家理查德·费恩曼在他著名的《物理学讲义》第一册的引言中曾这样阐明了这一点:

> 如果由于某种大灾难,所有的科学知识都丢失了,只有一句话传给下一代,那么怎样才能用最少的词汇来表达最多的信息呢?我相信这句话是原子假设(或者说是原子事实,无论你怎么称呼都行):所有的物体都是由原子构成的……

但是,所有东西都是由原子组成的这个伟大而最有用的"事实"

---

1. 从这里开始直到第8章,在讨论普通物质时我将去掉形容词"普通的"而直接说物质。在此之前我们不会谈到暗对象。

在三个重要方面却不完整。（就像牛顿第零定律或天文学上最伟大的发现，都只是玻尔意义上的深刻真理 —— 即深刻的谬误一样。）

这其一便是我们前面已经提到的存在暗物质和暗能量。在1963年费恩曼出版他的《物理学讲义》的当时，人们几乎不认为它们存在。但其实早在1933年，以弗里茨·兹维基为首的一些天文学家便展开了对他们所谓质量失踪问题的研究。由于他们所关注的反常现象在观测宇宙学的萌芽时期只是个例，因此很少有人认真对待，直到多年之后这种状况才有所改变。但不管怎么说，暗物质和暗能量的存在并不真正影响到费恩曼的观点。在灾后重建科学的最初阶段，关注暗物质和暗能量怎么说都像是负担沉重的奢侈品。

另外两个方面更切入核心。它们真该包含在我们要传给下一代的一个句子中，即使这么做可能会使句子变得冗长。长句子可是我的老师教导我要尽力避免的，他说这会让你付出高考作文得低分的代价。虽然亨利·詹姆斯和马塞尔·普鲁斯特[1]以长句而闻名，但那是文学，所以没问题；而你是要传递信息，这么做就不妥了。

首先是光的问题。光是"所有事物"中最重要的元素，当然它截然不同于原子。人们本能地认为光是与物质完全不同的另一种东西，是非物质的甚至是精神层面的，这很自然。光也确实表现出完全不同可触摸物质的特性 —— 后者是那种你踢一下就会伤着脚趾，或是流

---

1. 亨利·詹姆斯（Henry James，1843—1916），美国杰出的小说家、文体学家和文艺评论家，著名哲学家和心理学家威廉·詹姆斯的弟弟；马塞尔·普鲁斯特（Marcel Proust，1871—1922），法国小说家、意识流小说大师。——译注

过吹过你身边的东西。这么说或许较为恰当：你跟费恩曼例子里的灾后遗民讲光是物质的另一种形式，他们会理解。你甚至可以告诉他们，光也是由粒子 —— 光子 —— 组成的。

其次，原子不是故事的结束，它们是由更基本的构件组成的。沿此思路走下去我们就能够很快将灾后遗民带上正确理解科学的化学和电子学的道路。

有关的事实可以归纳为几个简单的陈述句。(但我不想尝试这样做。) 所有东西都是由原子和光子构成的。原子又是由电子和原子核构成的。原子核整体上说要比原子小得多 (其大小只有后者的约十万分之一，或 10^{-5})，但它们却包含了全部正电荷和几乎所有的原子质量 —— 99.9% 以上。原子因电子和原子核之间的电性吸引而保持稳[25]定。最后，原子核又是由质子和中子组成的。原子核是由另一种力来维持稳定的，这种力要比电性力强大得多，但作用距离却很短。

关于物质组成的这种解释反映了 1935 年左右的知识状态。你在现行的大多数物理入门课本里仍能找到这些知识。为了正确把握我们现在对物理的理解，我们需要修饰、修改并完善这些关于物质组成描述中的几乎每一个词。例如，我们已经知道，质子和中子本身就是复杂的对象，它们是由更基本的夸克和胶子组成的。我们在以后的章节里会不断完善这些术语的内涵。但 1935 年之前建立起来的图像作为方便的概貌还是有用的，那是一个足够好的粗略轮廓，让我们清楚地看到什么是我们需要做的，如果我们要准确理解质量起源的话。

绝大部分质量在原子核内，原子核是由质子和中子组成的，电子的贡献远小于1%，光子贡献就更少了。所以质量起源问题，对普通物质来说，有非常明确的答案。要搞清楚物质绝大多数 —— 99％以上 —— 质量的起源，我们就必须找出质子和中子质量的来源，搞清楚这些粒子是如何不多不少刚好结合在一块儿形成原子核的。

第5章
内在的九头蛇

将原子核理解成质子和中子粘在一起或互相绕着转动的系统是 [26]
一种"过时的"认识，这种思路已经走进死胡同。如今物理学家们探
寻的是坚硬粒子之间的力，而不是去发现令一个人困惑的变动而不稳
定的新世界。

1930年，通向完整物质理论的道路下一步该迈向何方是清楚的。
分析性的向内旅程已经到达了原子的核心 —— 原子核。

那时人们已经知道，物质的大部分质量被禁锢于原子核内。集中
于原子核内的电荷建立起电场，这个电场控制着周围电子的运动。原
子核非常重，因此通常移动起来要比电子缓慢得多。电子在化学过程
和生物学过程中扮演着重要角色（电子学就更不用说了），而原子核
则躲在幕后写剧本。

别看在生物、化学和电子学中原子核大多待在后台，它们可是明
星中的明星。正是原子核提供了恒星（当然也包括太阳）在星序位置
上不断变更所需的能源。因此，搞清楚原子核的重要性是显而易见的。[27]

费米龙

但在1930年，这种理解还是很初步的，增进对原子核的理解在当时被提升到物理学研究的最前沿。恩里科·费米在他的讲座中画过这么一幅画：原子图像的中心云雾缭绕，贴着标签"这是龙"。整个图就像一幅古代地图，而龙所在的位置则是尚未开垦的前沿，正有待开发。

显然，从一开始基本上就是新的力在统治核世界。在前核物理学时代，人们知道的经典的力只有引力和电磁力。但在原子核内，电性力表现为斥力，因为核拥有的都是正电荷，而同性电荷相斥。引力又因为核的质量太小而显得过于微弱，难以对抗静电斥力。（在本书的第二部分里我们再对引力的微弱详加论述。）因此提出新的力是必要的，而且这种新的力被冠以强作用力。为了保持核能够如此紧密联结在一起，这种强力必须比任何已知的力更强大。

经过几十年的实验和理论上的艰苦努力，人们已经发现了支配原子核运动的基本方程。令人惊讶的是，人们居然能够完全发现它们。

困难是显而易见的。首先观察这些方程是如何起作用的就非常困难，因为原子核非常小。它们要比原子小上10万倍甚至更多，比纳米尺度更是小上百万倍。原子核尺度现在正是微纳米技术需要攻克的主要目标。试图用宏观工具——譬如说用秤或普通的镊子——来操控原子核，就好比用两个埃菲尔铁塔当筷子来夹起沙粒，根本行不通。这是一项艰难的工作。为了探索核尺度领域，我们必须发明全新的实验技术，研制出全新的试验设备。为此我们将走访超级闪光纳米显微镜（ultrastroboscopic nanomicroscope，即著名的斯坦福两英里直线加速器，SLAC）和具有创造性破坏力的装置（即大型电子对撞[28]机，LEP），后面几章要说的故事就是围绕那里的发现展开的。

　　还有一个困难是，微纳米世界所遵循的规律与此前任何已知的规律完全不同。在物理学家能够真正掌握强相互作用之前，他们不得不舍弃自然赋予人类的传统思维方式，代之以奇怪的新思路。在随后几章我们将深入探讨这些新概念。它们是如此新奇，以至于如果我只是将它们作为事实来介绍，你可能不会 —— 也应该不会 —— 相信。[1]有些新概念完全不同于我们以前接触过的任何概念。它们可能与你在学校学到的概念看似矛盾 —— 也可能实际上就是相互冲突的。（当然这还要取决于你去的是什么学校，何时去的。）本章只是要简短说明为什么我们必须对传统物理学进行革命，它的作用是要在核物理学的传统解释（你在大多数高中和大学物理入门课本中仍能够看到这类解释）与新的理解之间架起一座桥梁。

与费米龙搏战

　　1932年，詹姆斯·查德威克发现了中子，这是一个里程碑。在查德威克的发现之后，理解原子核的道路似乎变得简单了。人们认为原子核的构件已经被发现，它们就是质子和中子。这是两种重量差不多的粒子（中子约重0.2%），而且有着类似的强相互作用。质子和中子

---

1. 在本书的最后，我将讨论其他一些古怪的概念，尽管支持这些概念的证据目前还不那么令人信服，但我希望你能鉴赏它们的异同。

之间最明显的差别是质子具有正电荷，而中子呈电中性；此外，孤立的中子是不稳定的，会在大约15分钟的寿命期内衰变成一个质子（加一个正电子和一个中微子）。将质子和中子简单相加，你就可以得到不同电荷数和质量的模型原子核，它与已知原子核基本相符。

要了解和精确化这个模型，方法似乎只能是测量作用在质子和中子的力。正是这些力将核拉拢在一块。描述这些力的方程即构成强相互作用理论。通过求解这一理论的方程，我们不仅可以检验理论还能够进行预言。由此我们将写就一个简洁的物理学新篇章，即所谓"核物理学"，其核心就是由简单优美的方程描述的"核力"。

在这一计划的激励下，实验物理学家研究了质子与其他质子（或中子，或其他核）的近距离碰撞。我们将这种实验称为散射实验，就是你向靶粒子射入一个粒子，然后看看会出现什么结果。其思想就是通过研究质子和中子的偏转或散射来重构核力。

遗憾的是这种简单策略失败了。首先，人们发现核力非常复杂，它不仅依赖于粒子之间的距离，而且与其速度和自旋方向[1]有着复杂的联系。事情很快就变得明了，这种力不存在简单而优美的定律，描述这种力的方程可能完全不同于牛顿的万有引力定律或静电库仑定律。

其次，也是更糟糕的是，这里的"力"不是传统意义上的力。当

---

1. 质子和中子总是在旋转。我们把这种旋转称为它们固有的基本自旋。以后我们会更多地谈到自旋性质。它在力的最终统一的现代思想中起着至关重要的作用。

你将两个高能质子进行对撞时，你会发现它们不是简单地相互朝相反方向偏转，而往往是产生出两个以上的粒子，而且这种情形并不限于质子。事实上，许多新粒子就是这么在实验物理学家进行的高能散射 [30] 实验中被发现的。新粒子 —— 最终发现的有不止一打 —— 是不稳定的，因此我们通常在自然界很难遇到它们。但是当人们详细研究了它们的其他性质 —— 特别是其强相互作用性质以及大小 —— 后，发现它们都类似于质子和中子。

有了这些发现后，仅仅考虑质子和中子本身或认为根本问题是要确定它们之间的力就显得不合适了。于是传统意义上的"核物理学"变为一个更大课题的一部分，这个更大的课题将所有新粒子及其产生和衰变的表观复杂过程全都包容进来。为了描述这些新的基本粒子，这个新种属的龙，我们需要用新的名字为其命名，它们叫强子。

九头蛇

我们在化学中的经验表明，对所有这些复杂性给予解释是可能的。也许质子、中子和其他强子不是基本粒子。它们也许是由性质更简单的更为基本的对象构成的。

事实上，如果你将针对质子和中子做的散射实验换在原子和分子水平上做，研究原子和分子在近距离碰撞下会出现什么结果，你同样会得到复杂的结果。你会得到重新分布的分子和碎裂而成的新类型分子（或处于激发态的原子、离子或自由基）—— 换句话说，得到的是各种化学反应。服从简单的力定律的只是基本的电子与原子核，而由

多个电子和原子核组成的原子和分子则不。那么对于质子和中子以及

31 它们新近被发现的近亲是不是也可以有类似的说法呢？其表观的复杂性是否有可能取决于服从更简单法则的更基本构件的内在性质呢？

砸破东西可能显得粗鲁，但你也许同意这是找出这件东西是由什么制成的一个简单方法。如果你将原子轰击得足够致密，它们将分裂为其组成的电子与原子核。这样它们的基本构件就会得以暴露。

但是用这种方法来研究质子和中子内部更简单的构件却碰到了巨大困难。如果你将质子轰击得足够致密，你会发现得到的是更多的质子，有时还会伴有其他强子。一个典型的情形是，你让两个高能质子相互碰撞，得到的却是 3 个质子、1 个反中子和若干个 π 介子。这些粒子的总质量会大于反应前两个质子的质量和。我们早先讨论过这种可能性，这里我们又遇到了这种情形。用更高的能量进行更激烈的对撞，你得到的不是较小较轻的构件，而是更多的同类粒子。事情似乎并没有变得简单。这就好像你原打算将两个澳洲青苹果放在一起捣成苹果泥，结果却得到 3 个澳洲青苹果、1 个红苹果、1 个哈密瓜、一打樱桃和一对西葫芦。

费米龙已成为古希腊神话中可怕的九头蛇。将其碎尸万段，只会有更多的九头蛇从中冒出来。

更简单的构件是存在的。但这种基本 "简单性" 包括了某些怪异和自相矛盾的行为，使它们不论在理论上还是在实验上都变得扑朔迷离。要理解它们 —— 甚至觉察出它们 —— 我们需要一个新的开始。

第 6 章
基本粒子并不基本

夸克就像是一篇通俗小说，尽管在理论上通过即兴发挥引入了 [32] 这一概念但实验上却从未观察到孤立的夸克。当它们出现在超级闪光纳米显微镜抓拍的质子照片上时，它们成了一种很难把握的实在。它们的奇异行为使得量子力学和相对论的基本原理不再适用。新理论则将夸克改造成数学模型的理想目标。新理论的方程还要求存在新的粒子 —— 有颜色的胶子。色胶子体现了这样一种概念：对称性化身。在若干年内，人们一直试图为此目的建立的大型正负电子对撞机上拍到夸克和胶子的图像。

本章标题有两层含义。首先是简单，不久前人们认为普通物质的基本构件 —— 质子和中子 —— 内有些小东西。这些小东西叫作夸克和胶子。当然，知道它们的名字并不等于告诉你它们是什么，正如莎士比亚笔下的罗密欧解释的那样：

名字有什么意义？我们叫作玫瑰的东西
换个名字，还是一样的香。

这给我们带来意义更为深刻的第二点：如果夸克和胶子只是物质内部永无止境的复杂结构的又一层级，那么它们的名字只不过提供了一种让你在鸡尾酒会上可以炫耀的令人印象深刻的流行语，它们本身则只有专家感兴趣。然而夸克和胶子不"只是又一层级"。如果你理解得正确，你会发现它们从根本上改变了我们对物理实在性质的理解。夸克和胶子是另一层次 —— 其意义要深刻得多的层次 —— 上的小东西（bits），其意义正如同我们谈论几比特信息时所使用的意义。在某种程度上说，这是科学概念新的定量的具体体现。

　　例如，在胶子本身被发现之前，人们就已发现了描述胶子的方程。它们属于杨振宁和罗伯特·米尔斯在 1954 年发现的作为电动力学的麦克斯韦方程组的自然数学推广的一类方程组。麦克斯韦方程组早已因其对称性和功力而闻名。从实验上验证了麦克斯韦预言的存在新的电磁波（我们现在所称的"射电"波）的德国物理学家海因里希·赫兹，曾这么评述麦克斯韦方程组：

> 人们不可能没有这样的感觉，这些数学公式具有独立的存在性和自身的智能，它们比我们更聪明，甚至比它们的发现者更聪明，我们从中得到的要比原先投入的更多。

　　杨－米尔斯方程就像是更强大的麦克斯韦方程组。它们支持多种荷，而不是像出现在麦克斯韦方程组的情形那样仅限于一种（电荷），它们支持所有这些荷的对称性。适用于现实世界中强相互作用胶子的具体的杨－米尔斯方程是由大卫·格罗斯和笔者于 1973 年提出的，其中用了 3 种荷。出现在强相互作用理论中的这 3 种荷通常称为色荷，或简称为色，虽然它们与通常意义上的颜色没有任何关系。

下面我们将更加具体地讨论夸克和胶子的细节。这里我要强调一点，夸克和胶子 —— 或更确切地说，它们的场 —— 从一开始就是数学上完美的研究对象。你完全可以仅从概念上来描述它们的性质而无 [34] 须拿出样品或进行任何测量。你不能改变这些属性。如果你篡改方程只会使事情变得更糟糕（即更不协调）。胶子是遵从胶子方程的那种东西。

够了，这种太过自由的狂想！纯数学里有的只是完美的概念。但物理学必须在完美概念和实在之间取得和谐的平衡。现在是我们考虑某些实在问题的时候了。

夸克：β版的发布

在20世纪60年代初，实验者发现了几十种强子，它们的质量、寿命和固有旋转（自旋）均不相同。大量的发现很快就使人无所适从，因为仅仅有新奇事实的积累而不能揭示出其中更深刻的意义，会使心灵变得麻木。威利斯·兰姆（Willis Lamb, 1913—2008）在他1955年诺贝尔物理学奖获奖演说中开玩笑道：

> 当1901年首次颁发诺贝尔奖时，物理学家知道的只有现在所谓"基本粒子"里的两种：电子和质子。1930年后，大量的其他"基本"粒子蜂拥而至：中子、中微子、μ子、π介子、重介子和各种超子。我已经听到有人说，"过去发现一种新的基本粒子，发现者通常荣获一次诺贝尔奖。但现在，这样的发现应该被处以10000美元的罚款"。

在这种情况下，默里·盖尔曼和乔治·茨威格提出了夸克模型，使得强相互作用理论取得了重大进展。他们证明了，如果你将强子想象成是由几个更基本的对象 —— 盖尔曼命名为夸克 —— 组装起来的，那么强子的质量、寿命和自旋就都各得其所了。几十种强子至少可以粗略地理解为3种味的夸克的不同组合，这3种味的夸克分别是：上夸克u，下夸克d和奇异夸克s。[1]

那么如何用几种味的夸克构建出几十种强子呢？这些复杂模式背后的简单规则是什么呢？

最初的规则是用来拟合观察结果的，显得有点怪。他们定义了所谓的夸克模型。根据夸克模型，强子有两种基本架构。介子是由1个夸克和1个反夸克组成。重子则都由3个夸克组成。（还存在由3个反夸克组成的反重子。）因此，不同味的夸克和反夸克相结合组成介子的可能性并不大：你可以将u与反d（$\bar{d}$），或d与反s（$\bar{s}$），等等，组合起来。同样，重子的组合也只有不多的几种。

根据夸克模型，强子的多样性不是源于你拿什么来组装，而是取决于如何组装。具体来说，一组给定的夸克可依据不同的空间轨道和不同的自旋取向加以安排，就像两颗或三颗恒星可以在引力作用下组合在一起。

当然，夸克的亚微观"星系"和宏观星系之间有着重大区别。宏

---

1. 夸克的味不要与夸克的色荷混淆了。色荷是不同的另一种性质。有带一个单位红色荷的u夸克，有带一个单位黄色荷的u夸克，等等。因此，3种味与3种色搭配，我们共有9种夸克类型。

观太阳系，受经典力学定律支配，可以有各种尺度的大小和形状，但微观系统则不同。这些微观系统遵循量子力学规律，允许的轨道和自旋取向有着严格的限制。[1] 我们说该系统可以处在不同的量子态。每一种允许的轨道和自旋组态 —— 每个态 —— 都有各自明确的总能量。 36

（预先说明：这里我说得有些草率，你没必要太认真。根据现代量子力学，粒子态的正确描述方式应根据其波函数，它描述粒子出现在不同地方的概率，而不是它的轨道。我们会在第9章详细讨论这个问题。轨道图像是所谓旧量子力学的遗迹。它很容易想象，但不能用于精确的描述。）

这种通过夸克来说明强子的方法与我们用电子来说明原子的方法具有一定的平行关系。原子中的电子可以有不同的轨道形状，其自旋可以有不同的取向，因此原子可以有许多不同能态。对这些可能的态的研究是原子光谱研究的重要内容。我们用原子光谱来揭示各种不同的态是由什么决定的来设计激光器以及用于许多其他事情。由于原子光谱与夸克模型有千丝万缕的联系，加之其本身就极为重要，因此我们先花点时间来说说光谱。

像火焰或恒星大气这样的热气体中就包含了处于不同态的原子。即使是原子核相同、电子数相同的原子，其电子仍可以有不同的轨道或不同的自旋取向。这些态有不同的能量。高能态可衰变到低能态并发光。由于能量总体上是守恒的，因此发出的光子的能量可通过其颜

1.严格说来，量子力学定律是普适的：它们可以像运用于原子这样的微观系统一样应用到宏观系统。但在宏观情形下，轨道的量子化限制没有任何实际意义，因为容许轨道间的距离小得可以忽略不计。

37

色来获知，这个能量反映了初态和终态之间的能量差。每一种原子发出的光都有一套特征颜色分布。氢原子发出的光是一组颜色条纹，氦原子发射的光则是完全不同的另一组颜色条纹，等等。物理学家和化学家将这种颜色分布称为原子频谱。原子的频谱起着标识该原子特征的作用，可用来识别原子。当你让光线通过棱镜从而使不同的颜色分开时，得到的谱就相当于一套条码。

　　正是由于观察到的星光光谱与我们在地面火焰中看到的光谱相符，我们才确信，遥远的恒星是由与我们地球上同样的基本物质种类组成的。也正是根据从遥远恒星发出的光可能需要经过数十亿年的时间才能到达我们这里这一点，我们才能够检验今天有效的物理定律是否在很久以前也同样有效。到目前为止，证据表明确实如此。(但也有充分理由认为，我们无法 —— 至少是无法用普通光 —— 直接看到的极早期宇宙也许是受完全不同的规律支配的。以后我再来讨论这一点。)

　　原子光谱在构建原子内部结构模型方面曾给予我们很多具体的指向。模型是否有效，主要看它能否预言与光谱颜色条纹相匹配的能量差所对应的态。近代化学大量采用这种对话方式。自然用光谱说话，化学家则用模式作答。

　　有了这些基础，我们再回到强子的夸克模型上来。同样的设想经过重大改进后在亚原子层次上依然起作用。在原子层面上，电子两个态之间的能量差相对较小，这个能量差从原子总体质量来看显得微不足道。夸克模型的核心思想是，夸克 " 原子 " 即强子的不同态之间的能量差非常之大，它们对确定强子质量起着重要作用。利用爱因斯

坦第二定律 $m = E/c^2$，我们可以将不同质量的强子理解为不同轨道模式 —— 即不同量子态 —— 的夸克系统具有不同的能量。换言之，原子光谱是供看的，而强子谱是供称量的。因此那些表面上似乎完全不同的粒子现在看来只是某一给定夸克"原子"的不同的运动模式而已。利用这一想法，盖尔曼和茨威格证明了，人们可以将观察到的许多不同的强子解释为几个基本夸克"原子"的不同态。 [38]

　　到目前为止，一切似乎都还挺顺利。除了爱因斯坦第二定律的完美引入之外，强子的夸克模型似乎就是化学的重演。但魔鬼就出在细节上，要用夸克模型来看待实在，我们必须正视某些真正邪恶的魔鬼。

　　最不易理解的假设是我们前面提到的只有介子（夸克–反夸克）和重子（3个夸克）的安排是允许的。特别是这种假设包含有这样的意思，即不存在单个的夸克粒子！你可能会出于某种原因认为，这种最简单的物质构成模式是不可能的。它不只是效率低下且不稳定，而且根本就不可能。当然，谁都不愿相信这一点，因此人们想方设法要粉碎质子，试图从中找到能确认为单个夸克的粒子。他们仔细检查碎片，相信诺贝尔奖和永恒的荣耀最终会像甘霖一样降临到发现者头上。但是，唉，这只圣杯总是难以现身。迄今人们没有观察到任何粒子具有单一夸克的特性。就如同发明永动机的失败一样，寻找单个夸克的失败已升格为一条原理：夸克禁闭原理。但称它为原理并不能减少其神秘性。

　　当物理学家试图用夸克来充实介子和重子的内部结构模型，以便详细说明它们的质量时，更大的困难出现了。即使是在最成功的模型里，情况似乎总是这样，当夸克（或反夸克）彼此靠近时，它们几乎从不注意到对方的存在。夸克之间的相互作用是如此微弱，让人很难将它与无法发现独立夸克的事实调和起来。如果夸克彼此接近时不在乎对方的存在，那它们彼此远离后为什么不可以单独存在呢？

这里可能出现了一种以前从未有过的随距离增大而增大的基本力。它提出了一个令人尴尬的问题：如果夸克之间的力随着距离增大而增大，为什么占星术会错呢？毕竟，其他行星也含有大量夸克，它们也许能施加很大的影响 …… 还好，只是也许。但数百年来，科学家和工程师在预言精妙实验的结果、建造桥梁和设计芯片方面都非常成功，从来也没考虑过要将遥远星体的影响包括进来。占星术要想在这个问题上取得发言权，就应拿出更令人信服的证据。

好的科学理论必须具有解释为什么占星术不对的功能，但最好不要将力随距离增大这样的问题包含进来。俗话说"眼不见，心不烦"，虽说这句话可能适用也可能不适用于浪漫，但它一定适用于粒子的古怪行为。

在软件开发中，勇敢的早期使用者往往是先用 β 测试版。β 测试版尽管多少管点用，但它不能保证不出错，其中总有这样或那样的小毛病，即使不出毛病也未必运行得顺溜。

最初的夸克模型就是这么一个 β 测试版的物理理论。它利用特殊规则，撇开了像为什么（或是否）夸克不能孤立地产生这样的基本问题。更加糟糕的是，夸克模型很模糊。它没有给出描述夸克之间的力的精确方程。在这方面，它有点类似于前牛顿太阳系模型，或前薛定谔（对于专家是前玻尔）原子模型。许多物理学家，包括盖尔曼本人，认为夸克可能就是个有用的道具，犹如旧天文学里的本轮，或旧量子理论里的轨道。夸克，看来只能成为自然界数学描述里的有用工具，而不是真正意义上的实在的元素。

夸克1.0版：借助于超级闪光纳米显微镜

在20世纪70年代初，当J.弗里德曼、H.肯德尔、R.泰勒及其同事在斯坦福直线加速器（SLAC）上用新方法研究质子时，夸克理论的各种不常见的特点就已结出充满矛盾的硕果。

他们不是用质子间碰撞然后检视碎片的方法，而是拍摄质子内部的照片。我不想将这一过程描述得听起来很容易，因为事实不是这样。要透视质子内部，你必须使用波长很短的"光"。这就像你利用鱼群在洋面激起的波浪来定位鱼群。这项工作里的光子不是普通光的粒子。它们要比紫外线甚至X射线更短。用来研究质子内部结构的纳米显微镜所用的波长要比普通光学显微镜的波长短10亿倍，属于极端γ射线。

另外，质子内部的物质运动极快，因此为了避免图像模糊，仪器必须具有良好的时间分辨性能。换言之，仪器所用的光子也必须是极其短暂的。我们需要采用闪烁或火花工作模式而不是长时间曝光。所谓"闪烁"是指光持续时间为10^{-24}秒甚至更短。仪器工作所需的光子是如此短暂，以至于它们本身无法被观测到。这就是为什么称它们为虚光子的原因。用来观测图像的超级闪光的持续时间仅为眨眼时间的

10^{12} 分之一（实际上，还更短），需要用极端虚拟光子。因此，这种"图像"不可能用普通照明用的瞬态"光"来进行！我们必须更聪明，采用间接的工作方式。

在斯坦福直线加速器中心，人们实际上是用电子来轰击质子，然后观察两者碰撞后出射电子的行为。出射电子的能量和动量比碰撞前要少。由于能量和动量整体上是守恒的，因此电子失去的能量和动量一定是被虚光子带走了，并转交给质子。这往往导致质子经复杂过程而被打破，此前我们已经讨论过这一点。这一天才的新颖的实验方法让弗里德曼、肯德尔和泰勒赢得了诺贝尔奖，这种方法抛开了所有其他的复杂过程，只追踪电子。换句话说，我们只关注（能量和动量）流。

这样，通过解释每一次碰撞事件里的能量和动量流，我们可以搞清楚什么样的虚光子参与了进来，即使我们没有直接"看到"光子。虚光子的能量和动量恰恰就是电子损失的能量和动量。通过测量具有不同能量和动量（对应于不同寿命和波长）的不同类型虚光子"遭遇某种情况"并被吸收的概率，我们就可以将质子的内部图像拼凑出来。这一程序类似于通过测量人体对 X 射线的吸收来重建人体的内部图片，当然细节上要复杂得多。我只想说明一点，其中涉及某些非常有意思的图像处理过程。

当然，质子内部看起来并不真正像你见过的东西那样，或可以看得见。我们的眼睛并不是设计（或进化）用来解决这些微小距离和短暂时间事件的，因此任何超级闪光纳米显微世界的视觉表达必然是一种漫画、隐喻和欺骗的混合。有了这一心理准备，我们现在来看看图 6.1 的组图，

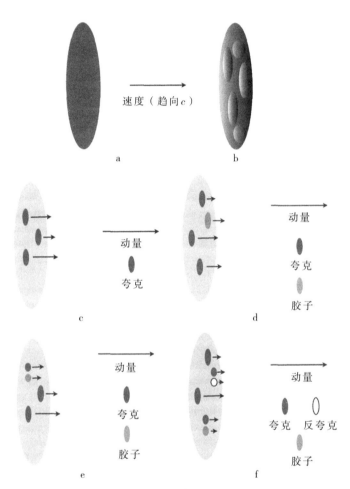

图6.1 质子内部图像

a.根据相对论，以接近光速运动的质子看起来像是沿运动方向被压扁了。

b.在实际抓拍图像取得前人们构思的关于质子内部可能样子的一个好的猜想。这个（错误）猜想背后的理由如正文中所解释。

c.~d.两个实际快照。由于在这一尺度下量子力学不确定性的影响起着重要作用，因此每幅图像看起来都不同！里面有夸克和胶子，它们也正以接近光速的速度在运动。它们共享质子的总能量，箭头的大小表明其相对份额。

e.~f.如果你用更精细的分辨率来观察，图像就会显示更多的细节。例如，您会发现，似乎一个夸克解析成了一个夸克和一个胶子，或者说，胶子分解成一个夸克和一个反夸克下面我们将进一步讨论这一组图的各个方面。

在介绍这些照片时，我用了理查德·费恩曼的方法。正如我们已经指出的那样，质子里的东西运动迅速。为了放慢速度，我们想象质子正在以非常接近光速的速度经过我们面前。（在第8章中，我们将讨论如果不用费恩曼方法，质子看起来会是什么样。）从外面看，质子看起来就像个薄饼，沿运动方向变得扁平。这是狭义相对论里著名的菲茨杰拉德－洛伦兹收缩效应。我们的目的是要你注意到更重要的另一种著名的相对论效应 —— 时间延缓。时间延缓意味着快速移动物体内的时间在变慢。因此，质子内的东西看起来像是被冻结了一样（它与作为一个整体的质子一起做整体运动）。在数以百计的有关相对论的科普读物里都有关于菲茨杰拉德－洛伦兹收缩效应和时间延缓效应的解释，因此我就不在这里重复了，而是直接拿来用。

强调下述这一点是重要的：量子力学对于描述质子内部哪怕是最基本的观察也是绝对必要的。特别是量子力学以非决定论而著称，它曾给爱因斯坦带来巨大痛苦。如果你在严格相同的条件下抓拍几张质子的快照，你会看到结果仍是不同的。不论你喜欢与否，事实明摆在那儿，不容回避。我们能指望得到的最佳结果就是能够预测不同结果出现的相对概率。

这丰富的共存可能性现象以及描述它们的量子理论完全无视传统逻辑。量子理论在描述实在方面的成功实现了对经典逻辑的超越，并在一定意义上取代了后者。因为它表明，经典逻辑不能胜任这一工作。但这是一种创造性的破坏，它使新的富有想象力的建构得以确立。

例如，它允许我们调和关于质子是什么的两个看似矛盾的概念。一方面，质子内部是动态的，里面的事情在不断变化、运动。另一方面，所有质子随时随处都表现出完全相同的行为。（也就是说，每一个质子均给出相同的概率！）如果质子在不同时间里表现不一，所有质子怎么可能表现出全同的行为？

这里我们稍作展开。内部每个个体概率 A 在时间上演变到一个新的不同的可能性，譬如说 B。但同时有另一个概率 C 演变成 A。所以 A 仍然存在，只是新的拷贝取代了旧的。更一般的，虽然每一个个体概率在演化，但总体概率分布却保持不变。这像像一条不断流动的河流，即使每一滴水都在向前流动，但整个河流看上去并无变化。我们将在第 9 章更深入地讨论这一点。

部分子

弗里德曼及其同事所采取的图像既提供了一个启示也提出了一个谜。在这些图像里，你可以看到质子内的一些小实体，即小的亚粒子。负责大量处理这类图像的费恩曼将这些内部实体称为"部分子"（即质子的部分颗粒）。

默里·盖尔曼对这种叫法很不以为然。在我第一次遇见盖尔曼时 [44] 我就真切体会到这一点。当时他问我目前在做什么。这时我犯了个错，说："我正在改进部分子模型。"

我听说诚实对灵魂有好处，所以在这里我要承认，我提到部分子并不完全是无意和无辜的。我很好奇想看看盖尔曼对他的竞争对手提出的这个叫法的反应。就像伊斯梅尔写他第一次遇到船长亚哈，结果还是大大出乎所料。[1]

盖尔曼对我嘲讽地一笑。"部分子？"片刻的沉默，表情变得凝重。"部分子？什么是部分子？"然后，他停顿了一下，像是陷入沉思，然后脸上突然放出光彩，"哦，你一定是指迪克·费恩曼谈的那些put-on[2]吧！粒子不服从量子场论，根本就不可能有这种事。它们只是夸克。你不要让费恩曼用他的笑话来污染科学的语言。"最后，他语带讥讽而又柔中带刚地说道："你的意思是不要夸克了？"

弗里德曼及其同事发现，有些实体确实看起来像夸克。它们都有有趣的分数电荷和确切的自旋值，而这些被认为是夸克才有的特征。但是质子还具有其他一些不像是夸克的东西。后来它们被解释为色胶子。因此，盖尔曼和费恩曼都有正确的一面：质子内有夸克，也有其他的东西。

过于简单

在我的母校芝加哥大学，学生们卖的运动衫上面写着

实用价值大的东西在理论上会怎样？

---

1. 这里指麦尔维尔（H.Melville）的小说《白鲸》里的情节。小说以第一人称叙述，讲的是叙述者伊斯梅尔随船长亚哈出海猎鲸的故事。——译注
2. 这里盖尔曼是用两词的谐音来反讽。部分子英语里叫parton（费恩曼发明的词），但盖尔曼故意把它叫作put-on，意为"假装、做作的东西"。——译注

盖尔曼的夸克和费恩曼的部分子都有恼人的一面，那就是实践中行之有效但在理论上难以立足。

我们已经讨论了夸克模型如何有助于组织起强子动物园，但用的是疯狂规则。部分子模型则采用了另一种疯狂规则来解释质子内部的图像。部分子模型的规则非常简单：出于计算考虑，你必须假定质子内的东西 —— 叫夸克也好，叫部分子也好，随你怎么称呼它们 —— 没有内在结构，也不存在彼此间的相互作用。当然，它们是存在相互作用的，否则质子还不很快就散架了？部分子模型的意思是，你现在需要的是一个能够很好地近似描述在很短时间上很短距离内发生的事情的模型，此时可以撇开它们之间的相互作用。你用斯坦福直线加速器中心的超级闪光纳米显微镜捕捉到的正是这种短时短距行为。因此部分子模型认为，你用那种设备将会得到一个清楚的质子内部图像 —— 实际上你也是这么做的。如果存在更基本的构件，你应该看到更多这样的构件 —— 实际上你也是在这么做。

这一切听起来非常合理，而且非常直观 —— 在如此短的时间如此小的体积内，不会发生更多的事情。那又何疯之有呢？

问题在于，当你进入如此短的距离和时间尺度后，量子力学开始发挥作用。考虑到量子力学，这种"合理且非常直观"地认为在如此短的时间如此小的体积内不会发生更多事情的预期就会显得很幼稚。

无须太过深入到技术层面，只需指出一点你就会明白这是为什么，

45

那就是考虑到海森伯不确定性原理。根据不确定性原理的最初形式，要想使观测对象有精确定位，我们就必须接受其动量上很大的不确定性。后来根据相对论的要求，海森伯原初的不确定性原理有了新的拓展，那就是将时间与空间、动量与能量联系起来。新的不确定性原理是说，要想使观测时间有很高精度，我们就必须接受能量上的很大的不确定性。将这两者结合起来，我们发现，如果采用高的空间分辨和瞬时抓拍技术，我们就必须接受总的动量和能量上的变动。

46　　　　具有讽刺意味的是，如前所述，弗里德曼 - 肯德尔 - 泰勒实验的核心技术正是为了提高测量能量和动量的精度。但当时这还不构成矛盾。相反，他们的技术成为利用海森伯不确定性原理巧妙达到有效精度的一个绝好的范例。其关键在于，为了获得 —— 而且必须获得 —— 最佳的高时空分辨图像，你需要用各种能量和动量的电子去撞击质子的多次碰撞结果综合起来。然后在图像处理中消去不确定性原理带来的不利因素。你需要协调好精心设计的在不同能量和动量条件下得到的抽样结果，以便提取准确的位置和时间。（用行话说，就是用傅里叶变换。）

既然要得到高分辨图像，你就必须容许能量和动量上大的展宽，特别是必须容许存在大值的可能性。你可以从大的能量和动量值上得到很多 " 东西 " —— 例如大量的粒子和反粒子。这些虚粒子出现和消失都很快，也跑不了很远。请记住，我们只能在短时高分辨的抓拍过程中遇到它们！在任何通常意义下我们都看不到它们，除非我们能提供所需的能量和动量来产生它们。但即便如此，我们看到的也不是原来未受干扰的虚粒子 —— 即自发产生和消失的那种粒子 —— 但我们可以通过图像处理用真正的粒子来再现原初的虚粒子。

只有借助于更复杂的生物体，病毒才可以存活下来。虚粒子则更脆弱，因为它们需要外部帮助才能存在。尽管如此，它们却可以出现在我们的量子力学方程里，而且根据这些方程，虚粒子会影响到我们看得见的粒子的行为。

由此看来，合理的预期是，在我们与强相互作用粒子打交道时，虚粒子应该对像质子产生这样的事情有明显的影响。高等量子力学认为，如果你对质子内部观测得越近越快，那么你就会看到更多的虚粒[47]子和更复杂的现象。因此，弗里德曼－肯德尔－泰勒的做法不是非常有前途。用超级闪光纳米显微镜抓拍到的只是一团模糊不清的东西。[1]

但这些东西在当时可不含糊。它们就是那些被激发出来的部分子。爱因斯坦有一句名言，"让一切尽可能简单，但不要太简单了"。部分子就过于简单了。

渐近自由（不带电的荷）

让我们想象一下虚粒子。既然来到世间，总得在这短暂的一生里做点什么。（这并不难想象。）我们四处游走。假设在某个区域存在一个带正电荷的粒子，那么如果我们带负电荷，我们会发现那个粒子很有吸引力并尝试靠过去。如果我们也带正电荷，我们会发现那个粒子

1.实际上，少数非常聪明的量子力学家如杰出的詹姆斯·比约肯等人已经用更复杂的论证证明，这种方法还是可行的。

令人反感，或者至少是竞争性的，并可能具有威胁性，于是我们选择离开。（反之也一样）

单个虚粒子来来去去，但它们总合在一块儿却使得我们称为虚空空间的实体成为一种动态介质。由于虚粒子的行为，（真实的）正电荷被部分屏蔽。也就是说，正电荷周围往往因为异性相吸而裹着一层补偿性的负电荷。从远处看，我们感觉不到正电荷的全部静电力，因为有部分力被周围的负电荷抵消了[1]。换句话说，你越是接近电荷，有效电荷就越多；你越是远离电荷，它就显得越小。图6.2就图示了这种情形。

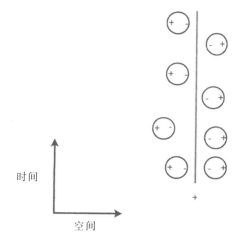

图6.2 虚粒子对电荷的屏蔽作用。中央世界线表示固定在空间的带正电的真实粒子——它随时间延伸的径迹是一条垂直线。真实粒子周围充满了虚的粒子–反粒子对，它们是随机生成的，很快分离，眨眼间湮没。真实粒子的正电荷吸引每一对虚粒子里带负电的成员同时排斥带正电的成员。这样，真实粒子被包围，其正电荷被周围带负电荷的虚粒子云部分屏蔽。从远处我们看到的是一个带电量较小的有效电荷，因为负的虚粒子云抵消了部分中央正电荷

---

1. 因此力衰减得要比没有屏蔽情形下的平方反比律快。

现在，我们打算从夸克模型里的夸克（或部分子模型的部分子）[48] 上得出正好相反的行为。假定夸克模型里的夸克在互相靠近时相互作用很弱。但如果它们的有效电荷在邻近区域达到最大时，我们得到的只会是相反的结果。这时它们相距得越近，相互作用就越强烈；相距越远，其电荷被屏蔽得就越明显，因而相互作用也就越弱。一般认为部分子模型里的部分子在趋近看时都是简单的单个粒子。但如果一层厚厚的虚粒子云包裹了每个部分子，我们看到的将是这些虚粒子云。

显然，如果我们能够通过某种安排得到屏蔽的反面——用虚粒子云来加强而不是抵消中心处的荷，我们会更接近所描述的夸克。借助于这种反屏蔽，我们可以得到一种由于虚粒子云而形成的在近距离上弱、距离越远越强的力。电荷只能被屏蔽，而不能反屏蔽，因此我 [49] 们去寻找另外一种荷。我们当然会发现它——否则我也不会领你踏上这条花园小径。为了便于我们讨论这种力，让我们暂且将这种具有反屏蔽作用的假说性东西称为"churge"。（我们找到的是一种广义的荷——色荷，其行为就像churge。[1]）

如果虚粒子云反屏蔽广义荷，那么你离得越远，位于中央的真实的广义荷的力就会越大。你可以在远处获得很强的中心小广义荷的力，因为它周围的虚粒子会加强这种力。因此，如果夸克带有这种广义荷而不是电荷，你就可以得到具有近距情形下相互作用很弱性质的夸克，这正是夸克模型所希望的。至于距离越远力越强，你甚至可以撇开占星术就能做到这一点。一会儿我再解释这一点。你可以有裸露在

1.churge是作者杜撰的词，用以区分charge（电荷），以下我们将它译为广义荷。——译注

厚厚云层之外的部分子，因为它们的感应云的力量 —— 即其有效广义荷 —— 在部分子抱团时大大减弱。

力随距离加大而增长最终会达到什么程度，这会不会又将我们带回到占星术？回答是：这种增长只是对孤立的带广义荷的粒子才是可能的，其代价是招来大的虚粒子云。形成这样一种扰动需要有能量，而要维持它走向无限远，就需要有无限大的能量。由于可用能量是有限的，因此自然界不会创造出一个孤立的带广义荷的粒子。另一方面，我们可以摆脱那种广义荷已抵消了的广义荷粒子系统。例如，也是最简单的，一个广义荷粒子及其反粒子构成的系统。远离广义荷和反广义荷的虚粒子不会感受任何净的吸引力，因此虚粒子云也就不会继续形成。所有这一切刚开始听上去不像是在为占星术辩解，倒更像是在证明夸克模型魔鬼般的法则！以同样的聪明思路，我们不仅能够消除所有的长程影响，而且可以约束住所有类别的粒子。

50　　反屏蔽是一个可怕的词。物理学中的标准术语是渐近自由，可能也不会有更好的叫法了。[1] 这个概念说的是，随着距离越来越趋近于零，核内的有效色荷也将越来越趋近零，但永远不会达到零。零色荷是指完全的自由 —— 不对外施加任何影响，也不感受到任何影响。用数学家的语言来说就是，这种完全自由是逐渐逼近的。

无论你怎么称呼它，渐近自由是描述夸克并使部分子概念让人看

---

1. 当格罗斯和我发现渐近自由概念时我们都还年轻稚嫩，没有充分体会到用易使人记住的方法来命名的重要性。如果让我现在来做这件事，我会把渐近自由换成其他更撩人的词，如 "不带电的荷"。"渐近自由" 是我的好朋友悉尼·科尔曼提议的，在此我要请他谅解。

重的一个很有前途的概念。我们希望有一种渐近自由理论，这也符合物理学的基本原理。但这样的理论存在吗？

量子力学和狭义相对论的法则是如此严谨和强大，以至于我们很难构建一种同时遵从两者的理论。少数几个做到这一点的理论被称为相对论性量子场论。既然我们知道构建相对论性量子场论的基本方法只有那么几种，因此我们可以探讨所有的可能性，看看它们中哪一种能够导致渐近自由。

必要的计算做起来尽管不容易，但并非不可能。[1]每个科学家都希望在他的科学研究中获得某种发现，虽然这并不容易，但这项工作做到了：一个明确、独特的答案。几乎所有的相对论性量子场论都过了一遍筛。那种直观、"合理的"行为事实上几乎是不可避免的，但不是太重要。有一小类渐近自由（反屏蔽）理论，它们在本质上都以杨-米尔斯引入的广义荷为特征。在这一小类的渐近自由理论里，恰好有一个尽管看起来不像是可以描述现实世界的夸克（和胶子）的理论。这是我们称之为量子色动力学的理论，或简称为QCD。

正如我已经指出的，量子色动力学与能力超强的电动力学的量子版——量子电动力学QED——有几分相似。它体现为大量的对称性。对于量子色动力学，即使给予粗浅的评价，我们也需要有一定的对称性概念的基础。以后我们将运用图像和类比的方法来给出我们对这一理论的描述。

1.在1973年，这项工作做起来困难要比今天大得多，好在计算技术已经更新。

最大的挑战可能来自如何将所有这些抽象概念和隐喻与实际的具体对象联系起来。为了激活我们的想象力，让我们首先从一件并不存在的事情的照片开始，见图版1，其中显示了夸克、反夸克和胶子。

夸克和胶子2.0版：你相信你就看得到

当然，实际图片不是由贴着"夸克、反夸克、胶子"标签的相机拍出来的。这需要一些解释。

首先，让我们用日常语言来盘点一下图版1中的东西。看上去复杂的那些线条勾勒出的是加速器和探测器的磁铁和其他组成部分。你可以看出有一根穿过中心的窄管道，这是束流管，电子和正电子就是通过它来转圈的。图中的东西都只是大型正负电子对撞机（LEP）中很小的部分，旁边的磁铁也就几米见方。整个LEP机器的圆形隧道周长长达27km。[顺便说一句，大型强子对撞机（LHC）使用的同样是这种隧道，它利用高能质子而不是电子和正电子来进行碰撞。在以后的章节我会更多地谈到LHC。]电子和正电子束的飞行方向相反，它们在管道中被加速得到巨大的能量，其速度差不多是光速的百亿分之一。这两个束在几个点上互相交叉，发生碰撞。在大探测器所包围的那些特殊点上，分别安装着用来跟踪粒子碰撞产生的火花以及收集产生的热的探测器。你看到的爆炸物飞行轨迹就是粒子径迹，外侧的小点表示热。

下一步是把对我们所看到的表面现象的描述转换成对深层结构

的描述。这步翻译涉及大的概念转换，你或许会认为是信念的跃变。[1]
在飞跃之前，让我们坚定信念。

神父詹姆斯·马利曾教导我一个最深刻、最宝贵的科学技术原则
（当然它还有许多其他应用）。他说他是在神学院习得这一原则的，在
那里它被奉为耶稣教会的信条。这就是

请求宽恕的人比请求许可的人更值得祝福。

多年来我一直本能地遵循着这一信条，从未意识到它的宗教制裁
作用。现在我怀着更澄明的良知更系统地运用它。

在理论物理学里，耶稣教会的这一信条和爱因斯坦的"将事情简
单化，但不要太简单"名言之间有着十分完美的协同作用。两者合起
来告诉我们，对于事情到底有多简单，我们应该敢于做最乐观的假
设。[2]如果错得离谱，我们总可以请求宽恕，然后接着再试——不要停
下来请求许可。

本着这种精神，让我们从关于物理世界深层结构的概念出发，对
如何解释碰撞产生的结果做最简单的猜测。根据量子电动力学，电子
及其反粒子——正电子——可以相互湮没，并产生虚光子。虚光子
反过来又可以变成夸克和反夸克。这一过程的实质可显示为图6.3。

---

1. 这不是量子跃变，量子跃变要小得多。
2. 自然，"简单"是一个十分复杂的概念，见第12章。

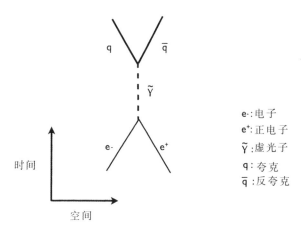

图6.3 核心过程的时空图，其中电子和正电子湮没成一个虚光子，然后这个虚光子又生成夸克-反夸克对

53　　这么做有点冒险，因为正如我们已讨论过的，夸克（和反夸克）是不能孤立存在的。它们只能约束于强子内部。获得虚粒子云并抵消色荷从而导致从夸克过渡到强子的过程可能非常复杂。这些复杂性使得确定原初夸克和反夸克的信号变得非常困难，就像要从塌方后的乱石堆里找出最先开始塌方的那块岩石。但我们本着上述信条的精神，设法试着做到最好。

　　由碰撞产生的最初的夸克和反夸克具有巨大能量，并朝着相反方向运动。[1] 现在我们假设获得虚粒子云并抵消色荷的过程通常经过精心安排（生产和重新分布色荷同时不对总的能量和动量流产生大的干扰）能够实现。我们把这种不造成总体流动太大变化来生产粒子的过

54

1.这是因为总动量是守恒的。开始时为零（因为电子和正电子以同样的速度沿相反方向运动），因此结束时必然仍为零，正如观察到的那样。当然，原则上我们可能会在实验中发现动量并不守恒，这时你需要回头去复习一下大一的物理。

程称为"软"辐射。然后，我们观察沿相反方向运动的两群粒子，每一群带有夸克或反夸克起初的总能量和动量。而且事实上这就是我们在大部分时间里看到的。典型的图像见图版2。

偶尔也有"硬"发射，它影响到整个流动。夸克（或反夸克）能够发射一个胶子。然后，我们会看到三喷注而不是两喷注。在LEP上，约有10％的碰撞会发生这种现象。其中又有大约10％的10％的事件，即1％的事件为4个喷注，等等。

这幅照片的理论解释见图6.4。根据这一解释，我们可以吃了夸克还有夸克。即使孤立夸克从未被观察到，但我们可以通过它们感生出的流动来看到它们。特别是，我们可以检查产生不同数目喷注的概率是否与量子色动力学计算的夸克、反夸克和胶子的概率相匹配来确认这些喷注的性质。喷注数取决于不同的观察角度和总能量的不同分配方式。LEP产生数以亿计的碰撞，因此这种理论预言与实验结果的比较可以做得非常准确和详细。

这种方法成功了。这就是为什么我能够信心十足地说你在图版1上看到的东西是夸克、反夸克和胶子。但是，为了看清这些粒子，我们还得扩张我们的概念，搞清楚看见的东西到底意味着什么——粒子是什么。

让我们把对夸克/胶子照片的鉴赏与两大概念——渐近自由和量子力学——联系起来。

　　以喷注面貌出现的夸克和胶子与渐近自由概念有着直接联系。用
傅里叶变换很容易解释这种联系，但不幸的是，傅里叶变换本身不容
55　易解释，因此我们不采用这种方法。这里我们采用字面解释，这样尽
管不够准确，但可更多地利用想象力（要花的准备工夫较少）。

　　要解释为什么夸克和胶子（只能）显示为喷注，我们先必须解释
清楚为什么软辐射是常见的而硬辐射却罕见。渐近自由的两个中心思

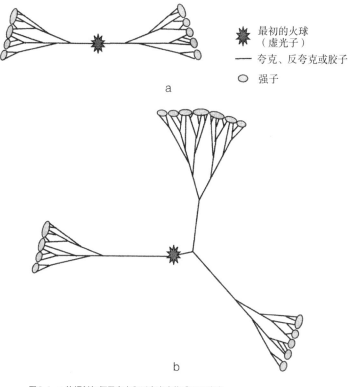

图6.4　a.软辐射如何用夸克和反夸克来构成强子喷注
　　　　b.胶子的硬辐射是如何引起大量的软辐射，并造成3条喷注的

想是：第一，基本粒子 —— 无论是夸克、反夸克或胶子 —— 的固有色荷都很小，不是很强；第二，包围基本粒子的虚粒子云在粒子附近很薄，但离得越远就越厚。正是周围的云增强了基本粒子的力。也正是周围的云而不是粒子的中心荷使强相互作用变得强烈。56

出现发射是因为粒子与其周围的虚粒子云之间失去平衡。要恢复色场平衡，就需要粒子间的重新分布，正是这种重新分布造成了胶子或夸克-反夸克对的发射，就像大气电场的重新分布导致闪电，地质板块的重新分布引起地震和火山一样。夸克（或反夸克，或胶子）是如何与其周围的云失去平衡的呢？一个途径是虚光子突然产生一对夸克和反夸克，就像我们讨论的LEP实验中发生的情形。为了达到平衡，新生的夸克必须建立起其自身的云，建立过程从中心 —— 即从小色荷触发夸克对产生的地方 —— 开始，并破路前进。这些变化涉及面小，等级低，因此对能源和动量流的扰动小，此即软辐射。夸克与其周围的云之间失去平衡的另一种途径是胶子场量子涨落引起的推挤作用。如果这种推挤来势很猛，就有可能导致硬辐射。但由于夸克固有的中心色荷小，因此夸克对胶子场量子涨落的响应往往很有限，因此硬辐射很罕见。

将我们的照片与量子力学的深刻思想联系起来，这样理解起来甚至更直接，并不需要上述那种详细的解释。事情很简单，我们不止一次地发现，重复同样的事情每次都会得到不同的结果。在超级闪光纳米显微镜拍摄的质子照片上我们看到了这种情形，在大型正负电子对撞机拍摄的虚空空间照片上我们又看到这种情形。如果世界是以经久不变的、可预见的方式运行，那么投资在LEP上的10亿欧元造出的将是一台十分无趣的机器：每次碰撞都只是复制第一次的结果，这样只需看一张照片就够了。相反，量子力学理论则认为，同样的原因可以导致许多结果。这就是我们发现的东西：我们可以预言不同结果的相对概率，并通过多次重复来详细检验预言的结果。这样一来，短期的不可预测性就可以克服。最终，这种短期不可预测性将完全让位于长期精度。

第7章
对称性化身

色胶子体现着这样的概念：对称性化身。

量子色动力学的中心思想是对称性。现在，"对称性"是一个普遍使用的词，同时也像其他许多这类词一样，其外延是模糊的。对称性可以指平衡、可心的比例以及规律性。在数学和物理学里，它的意义与所有这些概念均相符，只是更到位。

我喜欢的定义是，对称意味着你有一种没有任何差别的区分。

法学界也用这句话，没有任何差别的区分。这时它通常意味着用不同方式说同样一件事，或换一种不太礼貌的说法，就是狡辩。下面是从喜剧演员艾伦·金那里择取来的一个例子：

我的律师警告我，如果我没有留下遗嘱就死了，我会不等留下遗嘱就气死了。

要理解数学上的对称性概念，最好是想出一个例子。这样的例子多得可以建立一个例证库，其中最重要也容易理解的要算是三角形了（图7.1）。大部分三角形你一挪动就改变了它们的空间位形（图7.1a）。

但等边三角形较特殊。你可以转过120°或240°（两倍）而仍会得到相同的形状（图7.1b）。等边三角形具有非平凡的对称性，因为它允许区分（三角形和它的转动位形之间）没有任何差别（转动后得到的是同样的形状）。相反，如果有人告诉你一个三角形旋转120°后看上去仍相同，你很容易就推知这是一个等边三角形（要不就是那人是骗子）。

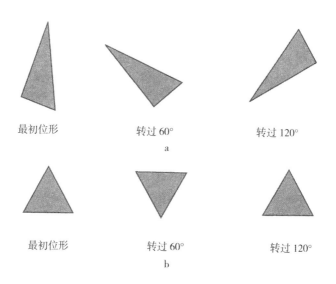

最初位形　　　　　　　转过60°　　　　　　　　转过120°

a

最初位形　　　　　　　转过60°　　　　　　　　转过120°

b

图7.1　一个简单的对称性例子
a.你一移动不对称三角形就会改变它的位形。
b.如果你将等边三角形围绕其中心转过120°，它不会改变位形

　　当我们考虑一组具有不同边的三角形时，复杂程度就大大提高了（图7.2）。自然，如果我们让其中的一个三角形转过120°，我们得不到同样的结果——边不匹配了。在图7.2中，第一个三角形（RBG）旋转到第二个三角形（BGR），第二个三角形再转成第三个（GRB），第三个再转120°才回到第一个。但是对于完备集，即包含所有这3种

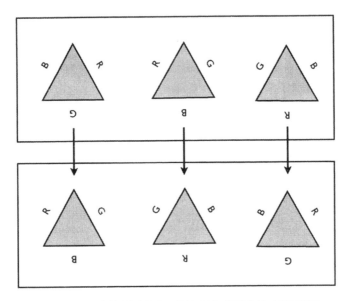

图7.2　更复杂的对称性例子。具有不同的"颜色"边（分别是红R、蓝B和绿G）的等边三角形经过120°转动的变化，但整套3个作为一个集合则仍变换到本身

三角形的集合，则仍是不变的。[1]

　　反过来说，如果有人告诉你，一个有3条不同颜色边的等边三角形，加上两个其他三角形，三者都转过120°后整个集合看起来同以前一样，你一定能推断出那两个三角形也是等边的，而且它们的边的颜色排列各不相同且不同于第一个（要不这人就是个骗子）。

　　让我们添上最后一层复杂性。现在不是考虑不同色边的三角形，而是考虑这些三角形所涉及的法则。例如，一个简单的法则可能是，

──────────

1.在本例中，就是你可以有这3个三角形处于不同位置的所有排列情形。如果还是想不通，你不妨将它们想象成无限薄的三角形堆叠。

如果你均匀挤压三角形的3条边，使其弯成弓形。假设我们只研究RBG三角形，以便建立起针对这种三角形的压缩法则。如果我们知道，转过120°是一种没有任何差别的区分——即120°旋转在数学上定义了一种对称性——我们希望能够推得，不仅存在其他种类的三角形，而且它们在均匀挤压下也具有同样的弯曲反应。

61   这一系列的例子以简单形式表明了对称性的力量。如果我们知道一个对象有对称性，我们可以推断出它的一些特性。如果我们知道了一组对象的对称性，那么就可以从我们对其中一个对象的了解推断出其他对象的存在和性质。如果我们知道世界的法则存在对称性，我们就可以从一个物体的存在和属性推断出新对象的行为。

在近代物理中，对称性一直是预言新的物质存在形式、形成新的更复杂法则的一个富有成果的向导。例如，狭义相对论理论可以被看作是一个对称性假说。它认为，如果我们把物理方程中的所有项都变换到一个共同的、具有不变速度的新参照系里，那么这些方程应该看起来与以前的一样。新参考系将整个世界带到相对于以前具有不变速度的另一个世界。狭义相对论认为，这两个世界之间的区分没有差别——同样的方程对这两个世界的行为都可以描述。

虽然细节比较复杂，但运用对称性来了解世界的这套程序与我们在前述三角形例子中所运用的基本上是一样的。我们的方程原则上可以做各种变换——然后我们要求它们不要有事实上的改变。任何可能的区分都不造成差异。就像三角形世界的例子，为了保持一般对称性，有些东西必须是真的。出现在方程里的项应当有特殊的性质，应出现在相关集合里，并严格遵守相关法则。

因此，对称性可以成为一种强有力的思想，会带来丰硕的结果。这也是自然界非常喜欢的一个想法。

螺母和螺栓，集线器和棍棒

夸克和胶子理论被称为量子色动力学或QCD。QCD方程见图7.3。

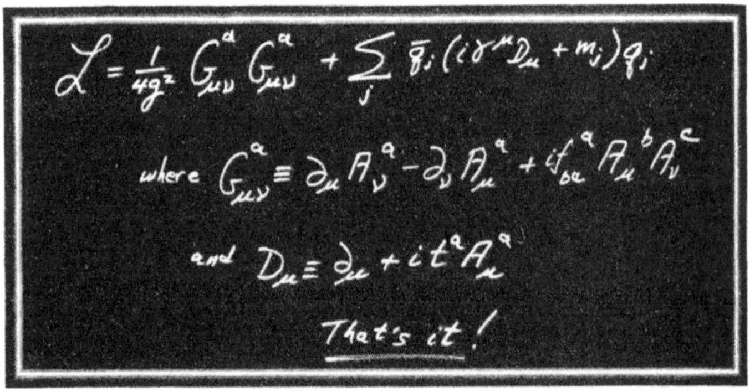

$$\mathcal{L} = \frac{1}{4g^2} G^a_{\mu\nu} G^a_{\mu\nu} + \sum_j \bar{q}_i (i\gamma^\mu D_\mu + m_j) q_i$$

$$\text{where } G^a_{\mu\nu} \equiv \partial_\mu A^a_\nu - \partial_\nu A^a_\mu + i f^a_{bc} A^b_\mu A^c_\nu$$

$$\text{and } D_\mu \equiv \partial_\mu + i t^a A^a_\mu$$

$$\text{That's it!}$$

图7.3　这里写出的QCD拉格朗日量L原则上完整描述了强相互作用。其中m_j和q_j是第j味夸克的质量和量子场，A是胶子场，μ，ν是时空下标，a, b, c是色指标。数值系数f和t的值完全取决于色对称性。除了夸克质量，耦合常数g是理论中唯一的自由参数。实际上，用L进行计算需要非常聪明的才智和非常辛苦的工作

非常紧凑，不是吗？核物理学，新粒子，怪异的行为，质量起[62]源——统统都在这里了！

其实，你不应该对我们可以写出这么紧凑的方程太快地留下深刻印象。我们聪明的朋友费恩曼曾展示过如何在一行里写下宇宙方程。

这里就是：

$$U=0 \qquad\qquad (1)$$

U 是一个明确的数学函数 —— 全部非世俗对象的总和。它是所有具体物理定律的总贡献之和。准确地说，$U=U_{牛顿}+U_{爱因斯坦}+\cdots$。这里，譬如牛顿力学的 $U_{牛顿}$ 的定义是：$U_{牛顿}=(F-ma)^2$；爱因斯坦质能 U 函数的定义是 $U_{爱因斯坦}=(E-mc^2)^2$，等等。由于每一项的贡献是正的或零，因此 U 为零的唯一办法是每一项的贡献均为零，所以 $U=0$ 意味着 $F=ma$，$E=mc^2$，以及你所关心的其他任何过去或将来的法则！

因此，我们可以把我们知道的和尚未发现的所有物理定律置于一个统一的方程内。万有理论！这当然是个大玩笑，因为它无从运用 —— 甚至无法定义 U，更别说将其分解开来考虑其中的具体项了。

图7.3所示的方程与费恩曼讽刺大统一的方程有明显的不同。像 $U=0$ 一样，量子色动力学的主方程也汇集了很多单独的小方程（对专家：该主方程涉及张量和旋量矩阵，而较小的方程组，即描述其分量的方程，则仅涉及普通数字），但有很大的区别。当我们分解开 $U=0$，我们得到的是一堆不相关的东西。而当我们分解开量子色动力学的主方程，得到的则是有关的对称性 —— 色的对称性，不同空间取向的对称性，狭义相对论关于系统在恒定速度变换下的平移对称性等。它们完整的内容呈现在前面，分解它们的算法将毫不含糊的对称性数学逐行展现开来。因此我敢保证，你真的会留下深刻印象。这是真正优

美的理论。

反映这种优美的一个方面是，量子色动力学的核心内容可以用一些简单图像来描述而不造成严重失真，见图7.5。现在我们就来讨论这些内容。

但首先，为了比较也作为热身，我想用类似方式先展示一下量子电动力学（QED）的核心内容。量子电动力学，顾名思义，是电动力学的量子力学解释版。量子电动力学是比量子色动力学稍稍老一点的理论，它的基本方程是在1931年奠定的，但在相当长的一段时间内，由于人们在试着解方程时犯了错误，得到的是无意义的答案（无穷大结果），所以坏了方程的名声。1950年前后，几个卓越的理论物理学家（汉斯·贝特、朝永振一郎、朱利安·施温格、理查德·费恩曼、弗里曼·戴森）解决了这个问题。

量子电动力学的实质可以用图7.4a来描述。图中展示了光子对[64]电荷的存在或运动做出的反应。这样一幅小图片，虽然看上去就像卡通画，却远远胜过普通的比喻。它是由费恩曼给出的，显示了解量子电动力学方程系统方法的严格表示的核心过程。（是的，又是他。对不起了默里。）费恩曼图描绘了粒子在某一时刻从给定位置出发到下一时刻其他位置的时空演化过程。在此期间，它们可以相互影响。在量子电动力学里，可能的过程和影响可以通过连接电子和光子的世界线（即穿越时空的路径）来建立，这种连接可以任意方式采用前述的核心过程来进行。这里做比说更容易，仔细揣摩图7.4b~7.4f之后，你会很容易得出一般性概念。

每个费恩曼图都有十分明确的数学规则来具体说明它描绘了怎样的过程。对于可能包括许多真实的和虚拟的带电粒子，以及许多真实光子和虚光子的复杂过程，它们的作图规则依然可以通过核心过程来建立。这就像是用组装件来搭建筑。粒子相当于你可以利用的各种材料，核心过程则是提供链接这些材料的节点（hubs）。给定这些要素，建筑规则也就完全确定了。例如，图7.4b就显示了一个电子的存在对另一个电子的影响。费恩曼图规则告诉你，交换一个虚光子可能会使电子偏转多大的角度。换句话说，它们向你说明了那些力！这种图将我们教给本科生的有关电性力和磁力的经典理论进行了编码。当你考虑较少见的过程，譬如涉及两个虚光子的交换（图7.4c），或光

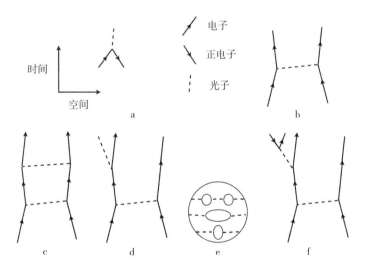

图7.4　a.量子电动力学的核心：光子对电荷的响应
b.两电子之间因交换虚光子而产生的力的一个很好的近似。
c.更好的近似包括这样的贡献。
d.要有光！加速电子可以发射光子。
e.全虚拟过程。
f.电子-正电子对的辐射。反电子（或叫正电子）可以表示为带时间反向箭头的电子

子挣脱出来（图7.4d，即我们平时所说的电磁辐射，其形式之一就是光），就有必要对理论进行更正。你还可以有这样的过程：所有粒子都是虚的，如图7.4e所示。由于没有一个参与其中的粒子可被观察到，因此这种"真空"过程似乎只有学术上的或形而上的意义，但我们将会看到，这种过程是非常重要的。[1] 65

无线电波和光的麦克斯韦方程组，原子和化学的薛定谔方程，以及狄拉克更完善的版本，其中包括了自旋和反物质 —— 所有这一切甚至更多，均能够用这些小棒忠实地编译出来。

用相同的描述性语言来描述，量子色动力学似乎是量子电动力学的扩大版。它的一套更详细的要素和核心过程见图7.5及其相应的详细说明。 66

在这个描述水平上，量子色动力学在很多地方都与量子电动力学很像，只是更强大。图也类似，评价规则也相似，但用的小棒和节点种类更多。确切地说，量子电动力学里仅有一种荷 —— 即电荷 ——而量子色动力学有3种。

量子色动力学中出现的这3种荷被称为"色"，这没有什么好的理由。这些"色"当然与一般意义上的颜色没有关系，而是非常类似于电荷。但不管怎么说，现在我们称它们为红色、白色和蓝色。每个夸克有一个单位的色荷。此外，夸克有不同的种类，或叫"味"。在普

1. 我曾非常感兴趣地与费恩曼本人讨论过这些内容。他告诉我，他最初只是希望从理论中除去真空过程，结果非常失望地发现他无法自洽地做到这一点。在第8章我将告诉你这方面更多的细节。

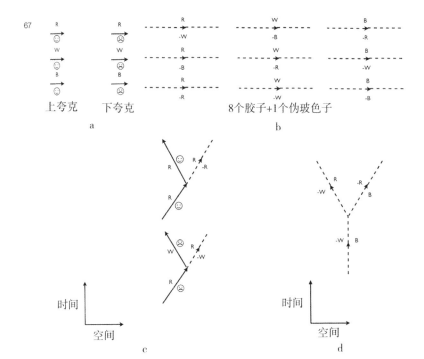

上夸克　　下夸克　　　　　　　8个胶子+1个伪玻色子

a　　　　　　　　　　　　　　　　　b

时间　　　　　　　　　　　　　　时间

空间　　　　　　　　　　　　　　空间

c　　　　　　　　　　　　　　　　d

　　图7.5　a.夸克（反夸克）携带一个正（负）单位色荷。它们在量子色动力学里起着类似于量子电动力学里电子的作用。复杂的是，夸克有几个不同的种类，或叫味。其中对普通物质具有重要意义同时也是最轻的两个分别叫作u和d。（实话说，电子也有不同的味，称为μ子和τ轻子，但我不想再牵涉与主题无关的复杂性了。）

　　b.有8种不同的色胶子。每种带走一个单位的色荷又带来另一种色荷（也可能相同）。每种色荷的总数是守恒的。胶子似乎应该存在3×3=9种可能性，但有一个特定组合，即所谓的色单态——对所有色有同样的响应——却无从区别于其他色。我们必须将其删除，这样我们才能有一个完美的对称理论。因此，我们预言只有8种胶子存在。幸运的是，实验证明这一结论是正确的。胶子在量子色动力学中的作用类似于光子在量子电动力学里的作用。

　　c.核心过程的两种表现，胶子对夸克的色荷可以简单响应，也可以兼具响应和变换。

　　d.较之于量子电动力学，量子色动力学有一种新的定性的特征，即色胶子之间的相互影响过程，这在光子是没有的

通物质里起重要作用的有两种味，分别叫做u（上）和d（下）。[1] 夸克
"味"是尝不出来的，就像夸克色看不见一样。此外，像u和d这些混
合着隐喻的名称也并不意味着味与空间方向之间有任何真正的联系。
这不能怪我，如果我有机会，我会给粒子取个像轴子（axion）和任意
子（anyon）那样更体面听起来更科学的名字。

　　我们继续进行量子电动力学和量子色动力学的类比，量子色动力
学中有类似于光子的粒子，称为色胶子，它们以适当方式反映着色荷
的存在或运动，就像光子对电荷的响应。

　　因此，存在带一个单位红色荷的u夸克，带一个单位绿色荷的d
夸克 —— 总起来有6种不同的可能性。与一个光子即可对电荷做出
响应的方式不同，量子色动力学有8种色胶子，它们都可以对不同的
色荷做出响应或将一种色荷变成另一种。因此，量子色动力学的费恩
曼图里有大量的各种小棒和许多不同种类的节点。所有这些可能性，[68]
看起来会使事情变得异常复杂和混乱。因此，如果不是理论上存在普
适的对称性，情况很可能就是如此。但实际上，如果你将各处的红与
蓝对调，你肯定能得到相同的规则。量子色动力学的对称性容许你对
色进行不断的组合，形成混合色，并且运用于混合色的规则也与对纯
色的规则一样。这种扩展了的对称性非常有效，它确定了所有节点的
相对受力。

　　尽管有这些相似之处，量子色动力学和量子电动力学之间还是存

1.我在早些时候提到过第三种夸克味，即奇异夸克s。此外还有3种夸克味：粲c,底b和顶t。这些夸克
比s更重也更不稳定。我们这里略去不谈。

在着一些重要区别。首先是胶子对色荷的响应 —— 由量子色动力学耦合常数衡量 —— 要远远强于光子对电荷的响应。

其次，如图7.5c所示，除了对色荷的响应之外，胶子还可以将一种色荷变成另一种。所有这样的可能变化都是允许的。然而，每种色荷又是守恒的，因为胶子本身能够携带不平衡的色荷。例如，如果带蓝色荷的夸克吸收胶子后变成了带红色荷的夸克，那么，被吸收的胶子一定带有一个单位的红色荷和一个单位的负的蓝色荷。相反，带蓝色荷的夸克可以发射一个带一个单位蓝色荷和一个单位负的红色荷的胶子，然后变成带红色荷的夸克。

量子色动力学和量子电动力学之间的第三个区别，也是最深刻的区别，是上述第二点的结果。由于胶子对色荷的存在和运动做出响应，而且胶子携带着不平衡的色荷，因此胶子可以直接对另一个胶子做出响应，这与光子情形完全不同。

相比之下，光子是电中性的。它们相互之间完全不存在激烈的相互作用，对此我们都很熟悉，即使我们从来没有更深入地考虑过这个问题。当你在晴天里环顾四周，尽管物体的反射光到处都是，但是我们可以看到它。你在电影《星球大战》里看到的那柄激光剑是行不通的。（可能的解释：电影表现的可能是非常非常遥远的星系里掌握着技术上更先进的一种文明，他们用的也许是色胶子激光器。）

不管怎么说，所有这些差异使得得到量子色动力学的计算结果要比得到量子电动力学的计算结果更为困难。由于是量子色动力学的基本耦合比量子电动力学的要强，因此它的费恩曼图也更复杂，其中有很多节点，它们对过程的贡献相对较大。而且由于存在导致色流动的各种可能性以及更多种类的节点，因此对每一级复杂性存在更多的费恩曼图。

渐近自由使我们能够计算出一些东西，比如喷注的能量和动量的整体流动。这是因为许多"软"发射事件对整个流动没有多少影响，我们可以在计算中忽略掉它们。只有那些在发生"硬"发射时产生的为数不多的节点需要注意。然后用铅笔和纸，不用费太大劲儿，一个人就可以预测出以不同角度、不同能量射出的不同数量喷注的相对概率。（当然如果你给他一个笔记本电脑又让他经过几年的研究生学习，帮助会更大。）在其他情况下，方程就只有近似解了，而且还需要进行英雄般的奋斗。我们将在第9章讨论这些英雄般的奋斗，它使我们能够从无质量夸克和胶子出发来计算质子的质量，从而确定质量的起源。

夸克和胶子3.0版：对称性化身

为了充分展示假说的力量：大量的对称性——即所谓局域对称性——使我们能够将色胶子包括到我们的方程组中，从而预言它们的存在及其所有特性，我不由得想起了我喜欢的皮特·海因的格言诗[1]：

1. 皮特·海因（Piet Hein, 1905—1996），丹麦科学家、数学家、发明家兼诗人。就职于哥本哈根大学理论物理研究所（即尼尔斯·玻尔研究所），1972年耶鲁大学授予他荣誉博士学位。他曾于1940—1963年间陆续发表了20卷短小精悍的格言诗 Grooks，今已绝版。——译者摘自 http://en.wikipedia.org/wiki/Piet_Hein_（Denmark）

情侣徜徉在散文和诗韵中，

想述说——

70

一千次——

为什么比做起来容易说出口难。

不管怎么说，那到底是散文和诗韵。

回头再来看看着色三角形及其对称性。我们不可忽视的一点是，不同的三角形位于不同的位置，这一点是在完善的逻辑和数学意义上做到的。在数学上，我们往往忽略掉无关紧要的细节，以便把注意力集中在最有趣的基本特征上。例如，在几何上，标准的做法是从概念上将直线视为零粗细且两端无限延长。但从物理上说，对称性假定要求你不考虑具体事情就会显得有点怪。例如，按照红色荷和蓝色荷之间的对称性，无论在宇宙什么地方，你都可以将带红色荷的夸克变成带蓝色荷的夸克，反之亦然，这种假设是不是有点怪？似乎更自然的是，你能做的仅仅是局部变更，无须担心它影响到宇宙遥远的地方。

这种在物理上显得很自然的对称性版本被称为局域对称性。局域对称性要比另一种假设——全局对称性——大得多，因为局域对称性是各种单独对称性的一个巨大集合。所谓单独的对称性，大致上说就是关于每个时空点的对称性。在我们的例子中，就是我们可以在任何位置任何时刻在红色荷和蓝色荷之间进行转换。因此，每个位置和时刻规定了其自身的对称性。全局对称性不对不同时空点上的色荷单位进行区分。你要用全局对称性，就必须对每一处每一时刻的所有色荷做同样的转换，而不是用一种局域版本做无穷多个独立的对称性转换。

由于局域对称性假设要比全局对称性假设更大，因此它对方程提出了更多的限制，从物理上说，这种对局域对称性的限制显得如此苛刻，以至于乍一看似乎无法与量子力学的思想调和起来。

在解释这个问题之前，我们需要迅速概述一下有关的量子力学。在量子力学里，我们必须允许存在这样的可能性：不同位置、不同概率的粒子都可以观察到。描述所有这些可能性的是波函数。在概率大的地方波函数的值就大，概率小的地方波函数的值也小（定量上说，概率等同于波函数的平方）。此外，那些好的光滑的波函数 —— 即时间空间上均平稳的波函数 —— 在能量上要比那些有突然变化的波函数低。

现在我们进入问题的核心：假设携带红色荷的夸克有一个十分光滑的波函数。然后套用我们前述的局域对称性例子，将小区域内红色荷变到蓝色荷。变换后，我们的波函数发生了突然变化。在小区域之内，它只有蓝色的那部分；在区域外则只有红色的部分。因此，我们在没有突变的情形下将低能波函数变成了一个具有突变的描述高能态的波函数。态的这种变化毫无疑问会改变我们描述的夸克的行为，因为我们有许多方法来检测能量的改变。例如，根据爱因斯坦的第二定律，你可以用称重的方法来确定夸克的能量。但是对称性的要点在于，变换并不改变事物的行为。[1]我们希望有一个没有差别的区分。

1.在狭义相对论里，速度平移对称性改变粒子的能量 —— 但它也改变你称量物体的量具的状况，只是这种变化你感觉不到。相反，局域色对称性即使是对普通的秤（你在商场用的那种）也是不变的，因为它们的总色荷为零。

72　　　因此，为了得到具有局域对称性的方程，我们必须制定这样的规则：波函数的突变必须要有大量的能量做支撑，而且必须假设能量不是简单地受波函数变化陡度的支配，它必须包含额外的修正项。胶子场正是这样引进来的，这个修正项包含了具有夸克波函数不同色分量的各种胶子场（对于量子色动力学，是8个）。如果你事情做得漂亮，那么当你做局域对称性变换时，就能得到夸克波函数变化了，胶子场变化了，但波函数的能量 —— 包括修正项 —— 保持不变的结果。程序不允许模棱两可，你必须每一步都按照局域对称性的要求去做。

　　　构建方程的具体过程很难用言语来表达。这真的像皮特·海因的格言诗里说的"做比说要容易"，如果你真的想看看方程是怎么来的，可以去看专业文章或教科书。我已经在尾注里提供了一些好懂的方面。幸运的是，了解个中精髓不需要懂得具体细节，这个精髓就是：

　　　为了得到局域对称性，我们必须引入胶子场。我们必须设法让这些胶子场与夸克相互作用，总之，局域对称性概念非常有效和严谨，它产生一组明确的方程。换言之，实施这么一种想法将产生一个候选的实在方案。

　　　包含色胶子的候选方案成功体现了局域对称性思想。新成分 —— 色胶子场 —— 成为构建候选世界模型的要素之一。它们会出现在我们的现实世界里吗？正如我们讨论过甚至在照片上看到的，确实如此。那个由对称性概念蕴含的候选实在正是我们自己的实在。

第 8 章
网格（以太的韧性）

什么是空间？它是物质世界上演戏剧的空置的舞台？抑或是既提[73]供背景又有自我生命的平等的参与者？抑或是初级实在，而物质则是次级表现？关于这个问题，科学史上认识一直在变化，而且发生过多次根本性的变化。今天，第三种认识取得了胜利。在我们的眼睛什么也看不见的地方，我们的大脑，通过对高度精确实验结果的深入思考，发现了推动物理实在的网格。

关于世界是由什么构成的哲学和科学思考一直都在变化。许多枝节性问题仍保留在今天最好的世界模型和一些大的谜团里。显然，要下定论还为时过早。但是我们知道的也不少 —— 足以得出一些超越零星事实的出人意料的结论。这些结论提出了一些向来被视为属于哲学甚至神学的问题，并提供了答案。

就自然哲学而言，我们从量子色动力学和渐近自由中得到的最重要的认识是，在我们认为是虚空空间的地方实际上充满了活跃的媒介，其活动铸就了这个世界。现代物理学的其他发展强化并充实了这种认识。以后，在我们探索当前的知识前沿时，我们将看到"虚空"空间概念是怎样一种丰富的动力学媒介，它推动着我们不断思考如何去实现力的统一。

74　　　因此，对世界是什么构成的这一问题，我们的做法，像以往一样，就是增加新知和校正，下面是现代物理学提供的多方面的答案：

- 世界万物得以形成的物理实在基本成分充满空间和时间。
- 每一个片段 —— 每个时空要素 —— 具有与其他片段相同的基本特性。
- 实在的基本成分与量子行为共存。量子行为具有特殊性，即它是自发的和不可预测的。要观察量子行为，你必须扰动它。
- 实在的基本成分还包括持久的物质组成部分。这些组分使宇宙成为多层多色的超导体。
- 实在的基本成分包含一个度规场，它使时空具有刚性并造成引力。
- 实在的基本成分具有普适的密度。

有很多词能够反映这个答案的不同侧面。"以太"属于最接近本意的旧概念，让人感到观念陈旧缺乏新意。"时空"在描述随时随处出现的带有均匀性质的不可避免的对象时具有适当的逻辑力量，但是，"时空"更像行李筐，里面装着空虚的沉重暗示。"量子场"是一个技术术语，总结了前三个方面，但不包括后三点，而且它听上去…… 太技术化，不可能用到自然哲学上。

我将用"网格"作为世界万物的基本要素。这个词具有几个方面的优点：

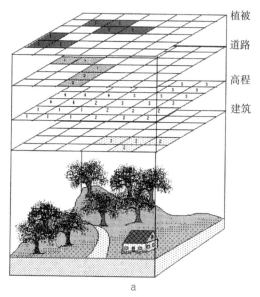

75

植被

道路

高程

建筑

a

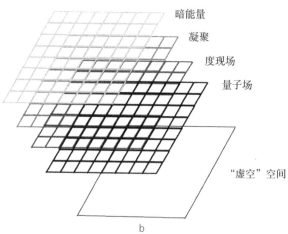

暗能量

凝聚

度现场

量子场

"虚空"空间

b

图8.1 网格，老的和新的

a.网格经常被用来描述各种事情如何在空间分布。

b.网格，作为我们最成功的世界模式，有几方面的特点。具有这些特点的网格总是无处不在。普通物质是网格的次要表现，追踪其激发水平

- 我们习惯于用数学网格来定位层结构，如图8.1所示。

76

- 我们从电网上获取电力设备、电灯和电脑所需的电力。表观的物理世界一般来说都是从网格获取能量。

- 部分源自物理学推动的一项伟大的开发项目，是将许多分散的计算机集成为一个功能单元，其全部功能可以为任何一个需要的节点所获取。这种技术被称为网格技术。它很热门，又很酷。

- "网格"一词很短。

- "网格"不是"黑客帝国"。对不起，但后者的续集玷污了这个词。"网格"也不是《星球大战》里的"博格"。

以太简史

关于空间虚无性的争论可追溯到现代科学的前史，至少是到古希腊哲学家。亚里士多德写道，"自然界厌恶真空"，而他的对手原子论者则认为，用古罗马诗人卢克莱修的话来说，就是：

> 因此，整个自然，作为自足的实在，都是由两件东西组成的：物体和虚空，它们赖以建立，并在其中运动。

这种思辨性的争论在现代科学的黎明——17世纪的科学革命——得到了回响。笛卡尔提出，对自然世界进行科学描述的基础应建立在他所谓的基本性质之上：广延（主要指形状）和运动。物质除了这两点再没有其他属性。他的一个重要结论是，某一物质对另一物质的影响唯有通过接触才能发生。因此，为了描述诸如行星的运动，

笛卡尔不得不引入无形空间概念 —— 其中充满了不可见物质。他设 77
想空间是一种复杂的充满旋涡的海洋，行星就在其中冲浪。

　　艾萨克·牛顿用他精确制定的、成功的行星运动数学方程，用他
的运动定律和万有引力定律，戳穿了所有这些潜在的复杂性。牛顿的
万有引力定律并不适用于笛卡尔的框架。前者假设物体间的相互作用
可以通过一定距离来进行，不必一定要通过接触。例如，根据牛顿定
律，太阳可以对地球施加引力作用，即使它不与地球接触。尽管他的
方程为说明行星运动提供了一个详细解释，但牛顿对这种超距作用并
不满意。他写道：

　　　　一个物体可以不借助任何其他东西穿越虚空距离而作
　　用于另一个物体，物体通过虚空进行彼此间作用和力的传
　　递，这对我来说是很荒谬的。我相信，任何有足够哲学思
　　维能力的人都不会沉溺于此。[1]

不过他让方程自己说话：

　　　　我还没能从现象中发现引力之所以具有这些属性的原
　　因，而且我也不杜撰假说；因为凡不是从现象中导出的任
　　何说法都可以称为假说。而假说，无论是形而上学的还是
　　物理学的，无论是具有神秘性质的还是机械性质的，在实
　　验哲学上都没有位置。

---

1. 这一段引文和下一段引文分别见牛顿1693年2月25日给本特利的信和《原理》的"总释"一
章。——译注

牛顿的追随者当然不会不注意到他的体系没给空间留出位置。但他们很少顾忌这一点，而是变得比牛顿更加牛顿。例如伏尔泰：

> 一名抵达伦敦的法国人会发现，哲学，就像这里的其他一切一样，有了非常大的改变。他曾给这个世界留下了充满物质的空间，但现在他发现它是真空。

随着数学家和物理学家对这一理论的熟悉以及理论本身巨大的成功，他们已变得对超距作用麻木不仁。由此使得这个问题一放就是150多年。后来，詹姆斯·克拉克·麦克斯韦，就是那位统一了电和磁的著名学者，发现这样导出的方程不协调。1861年，麦克斯韦发现，他可以通过在方程中引入额外的项来消除这种不一致性——换言之，就是假定存在着一种新的物理效应。早在若干年前，迈克尔·法拉第就已经发现，当磁场随时间变化时，它们产生电场。麦克斯韦为了解决方程的自洽性，不得不假设存在相反的效应：变化的电场产生磁场。有了这一添加物，场可以自己生活了：变化的电场产生（变化的）磁场，后者反过来再产生变化的电场，如此等等，形成一种自我更新的循环。

麦克斯韦发现，他的新方程组——即今天著名的麦克斯韦方程组——具有纯场这种解决方案，即场以光速在空间运动。这一大综合的顶峰使他得出结论：这些在电场和磁场里自我更新的扰动就是光——一个有待经受时间考验的结论。对麦克斯韦来说，这些充满所有空间并可以自己维持生活的场正是上帝荣耀的一个明确标志：

广阔的行星际和星际区域将不再被视为宇宙中无用的场所，人们不再认为造物主还没在他的王国里找到合适的、具有多重象征的东西来填补其中。我们将发现，这些场所已经充满了这种神奇的介质。它们是如此丰盈，人类没有任何力量可以将其从哪怕是最小的空间上移去，或在其无穷的连续体上留下哪怕最轻微的缺损。

爱因斯坦对以太的认识是复杂的，而且后来有了变化。我认为我们对他的这方面理解得很不够，即使是他的传记作者和科学史家（很可能我也在列）。在他1905年发表的第一篇关于狭义相对论的论文《论动体的电动力学》里，[1] 他写道：

> 引入"光以太"将被证明是多余的，因为按照这里所要发展的见解，既不需要引进一个具有特殊性质的"绝对静止空间"，也不需要给发生电磁过程的真空中的每一点规定一个速度矢量。

爱因斯坦的这一强有力的宣言曾困惑我很长一段时间，由于下述原因，1905年，物理学面临的问题不是没有相对性理论，而是有两个相互矛盾的相对性理论。一方面是力学的相对性理论，服从牛顿方程。另一方面是电磁的相对性理论，服从麦克斯韦方程组。

这两个相对性理论表明，它们各自的方程里都具有速度平移下

1.在他的第二篇论文里，他导出了爱因斯坦第二定律。

的对称性 —— 也就是说，当你给每件事添加一个共同的整体速度后，方程的形式不变。用更物理的语言说就是，对两个彼此之间具有恒定相对速度的观察者而言，（以方程形式表述的）物理定律具有相同的形式。但是，若要将一个观察者对世界的说明传递给另一个，你就必须更改位置和时间。例如，坐在从纽约飞往芝加哥的飞机上的观察者，在飞机起飞两小时后将芝加哥标为"距离0"，而对于地面上的观察者来说，芝加哥仍（大约）是"向西距离500英里"。问题是，力学相对性所要求的坐标平移与电磁相对性所要求的不是一回事。根据力学相对性，你只需重新设置空间位置坐标，时间坐标不变；而根据电磁相对性，两者坐标你都必须重新设置，而且新坐标值是以更为复杂的方式将两者组合在一起的。（电磁方程的相对性变换已在1905年由亨德里克·洛伦兹导出，并由亨利·庞加莱完善；今天它们被称为洛伦兹变换。）爱因斯坦工作的伟大创新之处在于确立了电磁相对性的基础性地位，并给出了它所引起的物理学其他部分的后果。

80   因此，是古老的牛顿力学理论，而不是新生的电磁理论需要调整。原先的力学理论是建立在粒子在真空中运动的基础上的，而不是建立在连续的空间充满场的基础上的。在狭义相对论里，麦克斯韦场方程无须修改；相反，它们提供了狭义相对论的基础。人们仍然拥有那个曾使麦克斯韦欣喜若狂、充满空间的、具有自我再生潜力的电场和磁场。事实上，狭义相对论的思想几乎要求充满空间的场，也正是在这个意义上解释它们为什么存在，一会儿我们就将讨论这个问题。

那么，为什么爱因斯坦如此强烈地表现出对以太的反感呢？的确，他抛弃了旧的机械论的以太观念，这是一种按照牛顿定律制造出

来的粒子 —— 事实上，他是连同这些定律一起抛弃的。但他的新理论不是消除空间填充场，而是提高了它们的地位。他也许可以更公正地说（我一直这么认为），在移动观察者看来是不同的那种以太观念是错误的，但一种改造了的以太，使得彼此间具有恒定相对速度的两个观察者能看到同样的结果，则是狭义相对论的自然设定。

1905年，在他孕育狭义相对论之时，爱因斯坦也深入思考过（后来所谓的）光量子问题。更早几年，1899年，德国的马克斯·普朗克已经提出了最终发展成为量子力学的第一个概念。普朗克提出，原子可以与电磁场交换能量 —— 也就是说，可以发射和吸收电磁辐射，譬如光 —— 但只能以离散的单位量的形式，或者说以量子的形式进行。利用这一想法，他能够解释有关黑体辐射的实验事实。（非常粗略地说，这个问题说的是热物体的颜色，譬如烧红的火钳或发光的恒星的颜色，如何依赖于其温度。如果详细些说但仍远远谈不上精确：热物体以不同强度发射全色谱。问题是如何描述整个色谱的强度以及它如何随温度的变化。）普朗克概念在解释经验公式上管用，但在理论上不是非常令人满意。它只是对其他物理定律做些增补，而不是由它们发展而来。事实上，正像爱因斯坦（但不是普朗克）清醒地认识到的那样，普朗克概念与其他定律不协调。

换言之，普朗克概念是这些事情里的另类 —— 就像原始的夸克[81]模型，或部分子模型 —— 在实践中管用而在理论上则不管用。它进不了芝加哥大学的讲堂，也不合爱因斯坦相对论的要求。但是爱因斯坦对普朗克概念在解释实验结果上表现出来的力量留有深刻印象。他在一个新的方向对它进行了扩张。他假设，不仅原子发射和吸收光

（和一般的电磁辐射）是以离散的能量单位进行的，而且光本身就是以离散的能量单位出现的，并且带着离散单位的动量传播。有了这些扩张，爱因斯坦能够解释更多的事实，并预言了新的现象——其中就包括光电效应，这是他1921年荣获诺贝尔物理学奖的主要工作。爱因斯坦的心里已经十分明了：普朗克概念与现行物理定律不相符，但有效——因此，现行的这些定律一定有错！

如果光以能量和动量包的形式传播，那还有什么能比将这些包——以及光本身——看成是电磁粒子更自然的呢？场可能更方便，正像我们将要看到的，但爱因斯坦从来不是一个将方便看得比原理更重的人。这个问题始终在他心里，对于能从狭义相对论里得到什么教益，我想爱因斯坦一定有他非凡的洞察力。对他来说，空间充满实体的概念，就像是你以无限大速度经过某物却看到它与静止时看到的一样——狭义相对论表明，"光以太"必然如此——是有违直觉的，因此很值得怀疑。这种洞察力，尽管使光的麦克斯韦电磁场理论蒙上了阴影，但增强了他从普朗克关于黑体辐射的工作和他自己的光电效应工作中获得的直觉。总之，爱因斯坦认为，事情的发展——以太有违直觉，以及它在物理上似乎只能采取包的形式——已经使问题变得很明了：放弃场，回到粒子。

1909年，爱因斯坦在一次讲座中公开了他沿这一思路所做的推测[1]：

---

1. 见爱因斯坦于1909年9月21日在萨尔斯堡（Salzburg）德国自然科学家协会第81次大会上所做的报告《论我们关于辐射的本质和组成的观点的发展》。这篇报告后来发表在莱比锡《物理学期刊》（1909年10卷，817–826页），并收录于《德国物理学会回忆录》（1909年，11卷，482–500页）。这里的译文参考了许良英、范岱年编译的《爱因斯坦文集》（商务印书馆，1976年1月第一版）第一卷中的译文。——译注

　　　　总之，在我看来，最自然的观点是：光的电磁波的表
　　现是同奇点相联系的，就像静电场的表现遵循电子理论一
　　样。在这种理论中，我们不能排除这样的观点：电磁场的
　　全部能量可被看作是定域于这些奇点上，就像过去的超距
　　理论那样。我设想，或许每个这种奇点都被一个场所包围，
　　这种场在本质上具有平面波的特性，其振幅随奇点间距离
　　的增大而减小。如果有很多这样的奇点，它们之间相隔的
　　距离小于每个奇点的场的特征尺度，那么这些场将相互叠
　　加，形成一个总的振荡的场，而这个场与我们目前的光的
　　电磁理论给出的振荡的场只有非常微小的差别。

82

　　换句话说，到1909年 —— 我甚至怀疑，在1905年 —— 爱因斯
坦并不认为麦克斯韦方程组表达了光的最深刻的实在性。他不认为场
真的有它自己的生命 —— 相反，它们是由"奇点"引起的。他也不认
为它们真正充满空间：它们主要集中在奇点附近的波包内。爱因斯坦
的这些想法当然与他的光以离散单位出现 —— 即现今的光子 —— 的
概念有关。

　　正如牛顿疑虑他的理论里所自然蕴含的东西掏空了空间一样；爱
因斯坦也疑虑他的理论里自然蕴含的东西，但它们却充满空间。就像
哥伦布在寻找旧大陆时发现了新大陆，登陆新概念领域的探险家往往
对他们的发现也没有思想准备。他们仍在寻找他们原先要找的东西。

　　到了提出广义相对论之后的1920年，爱因斯坦的态度发生了变
化："然而，更仔细的思考告诉我们，狭义相对论并未迫使我们放弃以

太。"事实上，广义相对论更多的是一个引力的"以太"（即基于以太的）理论。（我保留爱因斯坦自己的陈述，以便以后章节里使用。）尽管如此，爱因斯坦从未放弃对消除电磁以太的努力：

83　　　如果我们从以太假说的观点来考虑引力场和电磁场，我们就会发现两者间有一个明显的不同。可以说没有一种空间，也没有任何空间部分是没有引力势的；因为这些引力势规定了空间的度规性质，而没有这些度规性质则是根本无法想象的。引力场的存在与空间的存在是直接相关的。**但另一方面，在一部分空间内不存在电磁场则是完全可以想象的……**[1]

大约在1982年，我曾在圣巴巴拉分校与费恩曼有过一次难忘的交谈。通常情况下，至少是在与他不熟悉的人一起时，费恩曼总是很"兴奋"——像上台表演。但一天的紧张表演之后，他有点累了，想出去透口气。于是在晚宴前的几小时里，我们单独在一起就广泛的物理问题进行了讨论。交谈不可避免地转移到我们的世界模型的最神秘的方面——不论是在1982年还是在今天——宇宙学常数这个主题。

从本质上讲，宇宙学常数就是真空密度。它的值一般认为很小，我刚才提到的近代物理学里的一个大难题就是为什么真空分量这么轻。

我问费恩曼："引力似乎略去了我们已经知道的关于真空的所有

---

1. 黑体系本书作者所强调。原文见爱因斯坦文集《我的世界观》里"相对论和以太"一文，这是爱因斯坦于1920年5月5日在荷兰莱顿大学所做的演讲。——译注

复杂性，你不觉得这很费解吗？"他立即回答说："我曾经想过我会解决这个问题。"

随后费恩曼变得有些伤感。通常他会看着你的眼睛，说话缓慢而动听，完整的句子甚至整段话会一气呵成流泻出来。然而此时，他凝视着天空；似乎不胜感慨，什么也没有说。

回过神来后，费恩曼解释说，他对他在量子电动力学方面的工作结果感到失望。对他来说，这是非同寻常的，因为正是这项辉煌工作产生了费恩曼图以及其他许多我们现在仍用来进行困难的量子场论计算的方法，也正是这项工作使他获得了诺贝尔奖。

费恩曼告诉我，当他意识到他的光子和电子理论在数学上等同于[84]通常的理论时，这个事实粉碎了他最深切的希望。他原本希望直接依据粒子在时空中的路径 —— 费恩曼图 —— 来使他的理论系统化，那样他将避开场的概念，构建一种本质上全新的不同理论。有一阵子，他觉得他已经做到了。

为什么他要摆脱场？"我有一个口号。"他说，然后清了清嗓门，用他那布鲁克林口音[1]缓慢认真地说：

　　真空不权衡什么（戏剧性暂停），因为那里什么也没有了！

1.实际上应是纽约市皇后区口音，费恩曼来自皇后区的远东洛克威地区。

　　然后他微微一笑，似乎很满意，但又很克制。他的革命并没有完全脱离原计划，只是需要有好的尝试。

狭义相对论和网格

　　历史地看，狭义相对论肇始于电和磁的研究，这一研究最终导致麦克斯韦的场论。因此，狭义相对论是从对以这样一种实体概念为基础的世界进行的描述中产生的，这种实体 —— 电场和磁场 —— 充满整个空间。这种描述完全打破了在牛顿古典力学和引力理论启发下产生的世界模型，这两种理论早年统治着人们的思想。牛顿的世界模型基于微粒，这些微粒子彼此间通过虚空施加作用力。

　　但是，狭义相对论超越了电磁理论。狭义相对论的本质是对称性假设：当你在具有恒定相对速度的两个参照系考察同一物体时，物理学定律应具有同样的形式。这一假设是一个普适性陈述，超越其电磁根源：狭义相对论的坐标变换对称性适用于所有物理学定律。正如我们上文所述，爱因斯坦不得不改变牛顿力学的定律，使之像电磁理论一样服从同样的坐标变换对称性。

　　狭义相对论的墨迹未干，爱因斯坦又开始寻找一种能够将引力包括进来的新的框架。这是一项为期10年探索的开始，爱因斯坦后来说道：

　　　　……在黑暗中探寻我们感觉得到却说不出的真理的
　　　　岁月里，渴望越来越强，信心时来时去，心情焦虑不安，

最后终于穿过迷雾看到光明，这一切，只有亲身经历过的
人才会明白。

最后，他构造了一个以场为基础的引力理论——广义相对论。
在本章的后面我们将更多地讨论这一理论。其他一些睿智的学者，特
别是庞加莱、德国伟大的数学家赫尔曼·闵可夫斯基和芬兰物理学家
贡纳尔·努德斯特伦（Gunnar Nordström）等，也是在探索，试图建
构一个与狭义相对论相协调的引力理论。所有这些都导致了场理论。

我们有很好的理由认为与狭义相对论协调的物理学理论必将是
场理论。这个理由就是：

狭义相对论的一个主要结果是存在有限的速度——光速，通常
记为 c。一个粒子对另一个粒子的影响不能传播得比光速还快。但牛
顿的万有引力定律——遥远物体受到的引力与其当前的距离平方成
反比——就不服从这一法则，所以它与狭义相对论不相容。事实上，
"当前"这个概念本身就是个大问题。对于静止观察者同时发生的事
件对以恒定速度移动的观察者来说将不会同时发生。在爱因斯坦本人
看来，推翻"当前"这个一般性概念，迄今为止仍然是到达狭义相对
论认识的最困难的一步：

> 所有试图令人满意地澄清这一矛盾的尝试都是注定要
> 失败的，只要关于时间绝对性（即同时性）的公理还停留
> 在无意识的水平上。清楚地认识到这一公理及其任意性质
> 实际上意味着已有了解决这个问题的答案。

86

这种探讨令人着迷，由于有关相对论的各种科普书里都有对这一点的介绍，这里我就不再进一步作展开了。我们当前的目的，最重要的就是认识到存在有限速度 c。

现在考虑图 8.2。在图 8.2a 中，我们有一些粒子的世界线。它们的空间位置用横轴表示，时间值用纵轴表示。随着时间流逝，粒子的位置发生变化。粒子的位置随时间变动构成该粒子的世界线。当然，我们本该用三维空间来表示，但在纸面上，即使是两维都显得太多，难以拟合。幸运的是，一维就足以达到我们的要求。由图 8.2b 可见，如果影响是以有限速度传播的话，那么，（比如说）粒子 A 对粒子 B 的影响将取决于粒子 B 过去的位置。因此，要获得作用在粒子上的总的力，我们必须加和所有来自不同早些时候的其他粒子的影响。这导致了描述的复杂化，如图 8.2c 所示。图 8.2c 还显示了另一种方法，就是不跟踪单个粒子过去的位置，而代之以集中考虑总的影响。也就是说，我们跟踪表示总的影响的场。

如果场服从简单的方程组，那么这种从粒子描述到场的描述的转换将特别富有成效。这样我们就可以从场的现在的值计算出它们未来的值而不必考虑其过去的值。麦克斯韦电磁理论、广义相对论和量子色动力学都具有这种属性。显然，通过运用场自然界将有机会使事情变得相对简单。

87

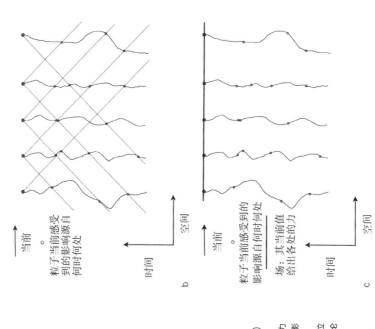

粒子当前感受
到的影响源自
何时何处。

b

时间 ←———

↑ 当前

空间 ↓

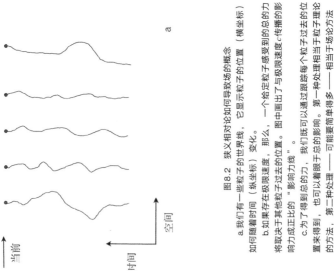

粒子当前感受到的
影响源自何时何处

场：其当前值
给出各处的力

c

时间 ←———

↑ 当前

空间 ↓

↑ 当前

时间 ←———

空间 ↓

a

图8.2 狭义相对论如何导致场的概念

a.我们有一些粒子的世界线，它显示粒子的位置（横坐标）如何随着时间（纵坐标）变化。

b.如果存在极限速度，那么，一个给定粒子所感受到的力将取决于其他粒子过去的位置。图中画出了与极限速度c传播的影响力成正比的"影响力线"。

c.为了得到总的力，我们既可以通过跟踪每个粒子过去的位置来得到，也可以着眼于总的影响。第一种处理相当于粒子理论的方法，第二种处理——可能要简单得多——相当于场论方法。

88　胶子和网格

爱因斯坦和费恩曼并不是不知道基本物理学采用场描述有着逻辑上的必然性。然而，正如我们已经看到的，两个人准备 —— 甚至渴望 —— 回到粒子描述上去。

两位伟大的物理学家，在不同时间出于不同的原因，都对充满所有空间的场的存在性（网格的一个重要特征）提出了质疑。这种情况表明，甚至到了 20 世纪，场的存在性似乎也没能获得压倒性的地位，仍有怀疑的余地，因为有确凿证据证明，场有自己的生命活动只是极少数情况。我在图 8.2 的说明中，给出了场在使用上十分方便的理由。这与将场视为终极实在的必要组成部分是完全不同的两码事。

我不确定爱因斯坦是否相信存在电磁以太。作为理论物理学家，他的最大优势也可以成为一个弱点：他的倔强。他坚持不懈地解决两种相对性 —— 力学的与电磁的 —— 之间的矛盾，而且偏爱后者，这其中倔强起着明显的促进作用；这种作用同样反映在他坚持采用普朗克概念并使之扩展这一点上，尽管这些概念与现有理论之间存在冲突；也正是这种作用，使他出于广义相对论的需要敢于挑战不熟悉的数学所带来的困难。另一方面，也正是这种倔强使他在 1924 年以后没能分享到现代量子理论的巨大成功，那时候，不确定性和非决定论已深入人心；这种倔强还使他不能接受他自己的广义相对论的一个最重要的结果 —— 存在黑洞。

爱因斯坦在调和光子的量子离散性和空间填充场的连续性（自麦

克斯韦以来它一直被用于成功描述光）时遇到的困难被现代量子场 [89]
概念克服了。量子场充满所有空间，量子化的电场和磁场服从麦克斯韦方程组。[1] 然而，当你观察量子场，你会发现它们的能量是以离散单位 —— 光子 —— 打包存在的。在下一章里我会更详细地说明这种根植于量子场论的陌生而又极其成功的概念。

　　至于费恩曼，在他完成了量子电动力学的数学之后，他发现，因方便而引入的场表现出它自身的生活，于是他选择了放弃。他告诉我，当他发现不论是他的数学还是实验事实均要求对电磁过程进行某种真空极化调整时，他对撤空空间的计划失去了信心，尽管他发现这种调整可以用费恩曼图来进行，如图8.3所示。图8.3a用一种高级方式描述了图8.2所总结的物理现象。图8.3b添加了某些新东西。这里电磁场因其与电子场自发涨落之间的相互作用 —— 或者说，与虚的电子–正电子对之间的相互作用 —— 而被调整。在这一过程的描述中，要避免提及空间填充场已变得非常困难。

　　虚拟对是电子场存在自发活动的结果。它可以发生在任何地方。而且无论何处，一经发生，电磁场就能够感觉到它。这两种行为 —— 随处出现的涨落，以及随处出现的响应 —— 相当直接地出现在图8.3b所对应的数学表达式里。它们引起对力的复杂、甚小但很具体的调整，你可以通过麦克斯韦方程组来计算这里的力。这些调节可以在精确的实验中被观测到。

1.这是指在一级近似下。

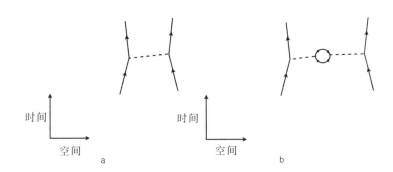

图8.3 带电粒子之间的力

a.用费恩曼图语言对图8.2所总结的物理现象的描述。在这一级水平上，电场和磁场由麦克斯韦方程组给出，但它们也可以追溯到带电粒子的影响。场很方便，但我们也许可以不用它。

b.加入了新东西。电磁场受到电子场自发涨落（虚电子−正电子对）的影响使它对力的贡献被调整

在量子电动力学里，真空极化的影响不论从定性还是定量上看都甚小。但在量子色动力学里它就非常重要了。我们在第6章里已经看到它如何导致渐近自由，从而产生对射流现象成功描述。在下一章里，我们还将看到量子色动力学是如何被用来计算质子和其他的强子的质量的。我们的眼睛没能进化到能分辨这种行为的甚小时间（10^{-24} s）和距离（10^{-14} cm）尺度的水平，但是，我们可以"看"电脑的计算结果，从中看出夸克和胶子场是如何行动的。对于更敏锐的眼睛，空间看起来就像图版4所示的超级闪光纳米显微镜下的熔岩灯。具有这种眼睛的动物不会有人类那种认为空间是空的的错觉。

物质网格

空间除了有量子场的涨落活动，还充满了多层更持久的物质性东西。它们都是更接近亚里士多德和笛卡尔原来意义上的以太 ——

它们是充满空间的物质。在某些情况下，我们甚至能够识别出它们是由什么制成的，甚至可以制造出些许样本。物理学家通常称这些物质为*以太凝聚*。可以说，它们是从真空中自发地凝结出来的，就像潮湿、无形的空气会凝聚成晨露或弥漫的大雾。

　　最好的理解是，这些凝聚是由夸克–反夸克对组成的。我们这里 [91]谈论的都是真实的粒子，不是那种短暂的、自发生灭的虚粒子。这种充满空间的夸克和反夸克薄雾通常被称为"手征对称性破缺凝聚（chiral symmetry-breaking condensate）"但我们还是按其本性——夸克–反夸克——称呼它为 $Q\bar{Q}$（读作 Q-Q 一把）。

　　对于 $Q\bar{Q}$ 以及其他一些凝聚体，有两个主要问题：

- *为什么我们认为它存在？*
- *我们怎样才能确认它的存在？*

仅就 $Q\bar{Q}$ 来说，我们对这两个问题有好的答案。

　　$Q\bar{Q}$ 的形成在于纯粹的真空是不稳定的。假设我们通过移去夸克–反夸克对的凝聚来腾空空间，这种移去是我们借助方程和计算机在头脑里进行的，而不是在实验室进行的实验。然后——我们进行计算——让夸克–反夸克对具有负的总能量。产生这些粒子所花的能量 mc^2 要超过你通过释放它们之间吸引力所得到的能量，因为它们结成了小分子。（这些夸克–反夸克分子的正确名称是 σ 介子。）所以纯粹的真空是一种易爆性环境，随时可能迸发出真实的夸克–反夸克分子。

化学反应通常是输入一些成分 A, B，然后产生另一些成分 C, D；我们可以将其写成

$$A+B\rightarrow C+D,$$

如果反应是放能的，则有

$$A+B\rightarrow C+D+能量。$$

（这是一种爆炸方程。）

92　　　利用这种符号系统，我们的反应是

$$[无]\rightarrow 夸克+反夸克+能源$$

—— 除了真空外不需要任何东西！幸运的是，这种爆炸是自限制性的。夸克对互相排斥，因此它们的密度稍一增加就会使新的夸克对难以产生。因为再产生一对新夸克所需的总能量将包括额外的开销，即用于与已存在夸克进行相互作用的开销。当不再有净收益时，生产过程即告停止。我们以空间充满凝聚 $Q\overline{Q}$ 作为稳定的终点。

一个有趣的故事，我希望你能同意。但我们怎么知道它是正确的？

答案之一是，它是数学方程 —— 量子色动力学方程 —— 的结果，我们可以用许多种检验方式对其进行检验。但是，虽然这可能是一个

完美的逻辑答案，检验也非常仔细和富有说服力，但在科学上却不是最理想的，我们希望方程的结果能够在现实世界中得到反映。

第二种答案是，我们可以计算$Q\bar{Q}$本身的结果，并检查它们是否与我们在现实世界中看到的事情相吻合。更具体地讲，我们通过计算可以知道$Q\bar{Q}$是否能被看成一种物质，它可以振动，具有振动的一些特征。这已经非常接近于力挺"光以太"者一度希望看到的结果了，这就是光以太——一种好的老掉牙的物质，它比电磁场实在，其振动描述了光。$Q\bar{Q}$的振动尽管不是可见光，但它们有非常明确的描述，并可观察到，这就是π介子。在强子中，π介子具有独特的属性。例如，它们是截至目前所发现的最轻的强子，[1] 它们从来不愿舒舒服服地待在夸克模型里。所以这一点非常令人满意——你仔细研究后就会知道这是非常有说服力的——那就是它们以截然不同的方式即以$Q\bar{Q}$的振动方式出现。

第三种答案最直接也最引人注目，至少原则上是这样。我们来考 93 虑清理空间的思想实验。现实中是如何进行呢？科学家在纽约长岛布鲁克海文国家实验室的相对论重离子对撞机（RHIC）上开展了这方面的工作，欧洲核子中心的大型强子对撞机（LHC）上也将进行这项工作。其工作原理是，将两大团夸克和胶子——它们以重原子核形式存在，譬如金核或铅核——沿相反方向加速到非常高的能量，然后使其发生碰撞。这并不是研究夸克和胶子的基本相互作用或寻找物理上新的微妙迹象的一个好方法，因为会有很多很多这样的碰撞同时发生。

1.对专家：它们在低能下即可退耦。

事实上，你能得到的只是一个小而极热的火球。它的温度经测量超过 10^{12}℃（是用开氏还是用华氏 —— 在这个水平上，你可以随便挑）。这个温度要比太阳表面温度高上10亿倍；只有在大爆炸的第一秒内才会出现这样的温度。在如此高温下，$Q\bar{Q}$ 凝聚蒸发 —— 夸克-反夸克分子分开。因此，小体积空间在很短时间内得到清理。然后，随着火球膨胀和冷却，上述夸克对的形成和能源释放反应将再度出现，$Q\bar{Q}$ 恢复。

所有这一切几乎肯定会发生。这里用"几乎"是因为我们实际观察到的只是火球冷却时抛出的细碎残骸。图版5是一张类似于这种情形的照片。显然，照片并没有标记着圆圈和箭头告诉你这一团乱麻中哪些部分对应于什么，你必须自己来解释。在这种情况下 —— 实际上，我们在第6章讨论的质子内部图片和喷注更为复杂 —— 解释是一项复杂的工作。今天，关于 $Q\bar{Q}$ 的熔化并重新凝聚的过程已经有了最准确完整的解释，但还没有达到我们所希望的明确性和说服力。人们将在实验和解释两方面继续深入。

94　　对于下一步更好地理解这种凝聚，我们已经有好的旁证来证明它的存在，但只能猜测它是什么做的。这些证据来自基本物理学里我们尚未提到的一个部分，即所谓的弱相互作用理论。自20世纪70年代初以来，我们在弱相互作用理论方面非常成功，胜利一个接着一个。值得注意的是，在W和Z玻色子被实验观察到之前，这一理论就已成功地预言了它们的存在、质量和具体性质。人们通常将这一理论称为"标准模型"，或格拉肖-温伯格-萨拉姆模型，以纪念谢尔顿·格拉肖、史蒂芬·温伯格和阿卜杜勒·萨拉姆，三位理论家在建立这一理论上发挥了关键作用（为此他们共同荣获了1979年度诺贝尔物理学奖）。

在标准模型里，W 和 Z 玻色子发挥着主导作用。它们满足的方程与量子色动力学的胶子方程非常相似。两者都是基于对量子电动力学的光子方程（即麦克斯韦方程组）对称性进行的扩张。W 和 Z 玻色子场的活动属于弱相互作用，同样意义上，光子场活动属于电磁相互作用，而色胶子场的活动则属于强相互作用。

表面上非常不同的力的基本理论之间存在惊人的相似之处，这提示我们有可能对它们进行综合，所有这三者将被视为包容性更广的结构下的不同方面。他们各自的不同对称性可能是更大对称性下的次级对称性。额外的对称性容许方程以更多方式在转动后回到自身——也就是说有更多的办法实现"没有差异的区分"。因此，它为在以前看似不相关的模式之间建立联系开辟新的可能性。如果我们的基本方程能够描述通过增设取得的更大对称性的局部模式，我们就会认为它们也许真的是一种更大的统一结构的某些侧面。安东·契诃夫有过一 [95] 段著名的忠告：

> 如果在第一幕里壁炉上悬挂着一支步枪，那么到第五幕之前它一定开过火。

现在我已经把统一的步枪挂出来了。

回到标准模型：W 和 Z 玻色子都是有吸引力的主演，但它们需要帮助以适应它们所扮演的角色。根据定义它们的方程，它们本应像光子和色胶子一样都是无质量的。但是实在的剧本又要求它们是重的。这就好比让风铃来扮演圣诞老人。为了让小仙子能够假冒南瓜头，我们不得不为她垫上个大枕头。

物理学家知道该怎么做这个局 —— 那就是让 W 和 Z 玻色子获得质量。我们认为，事实上，自然界通过示范已向我们展示了该如何来做。我妻子是个多才多艺的作家，而且好意见宛如泉涌。她曾给过我一个清单，避免说话陈腔滥调，其中包括：令人吃惊的，令人惊讶的，完美的，激动人心的，非凡的，以及你能猜到的其他词。我大多按照她的意见办。但我要说，我发现我要告诉你的东西只能用令人惊叹的，难以置信的，完美的，激动人心的，当然还有非同寻常的来形容。

自然界给出的使受力粒子变重的模型是超导电性。在超导体内，光子变得沉重！关于这方面更详细的讨论我放在了附录 B 里，这里只给出基本思想。我们已经知道，光子在电场和磁场中推动扰动。在超导体内，电子对电场和磁场反应强烈。电子恢复平衡的能力非常强大，它们能对场的运动施加一种迟滞作用。因此在超导体内，光子不是像通常那样按光速运动，而是要缓慢得多，就好像它们获得了某种惯性。当你研究方程时你会发现，超导体内慢下来的光子所服从的运动方程与非零质量粒子的运动方程是一样的。

96   如果你恰好是生活在超导体内的某种生物，你会看到光子是一个大质量粒子。

现在让我们琢磨一下其中的逻辑。人类的生命形式使得它在自己的自然栖息地观察到 W 和 Z 玻色子这些类光子粒子有大的质量。因此，我们人类也许应该怀疑我们是否生活在一种超导体内。当然，这里超导体不是在普通意义上说的。普通意义上的超导体是指那种能够卓越传导光子感兴趣的（电）荷的实体 —— 而我们说的超导体是指能卓越传导 W 和 Z 玻色子感兴趣的那种荷的实体。标准模型就是基于这一思想，正如我们已经说过的，标准模型非常成功地描述了实在 —— 它就是我们自己所居住的这个实在。

因此，我们开始怀疑我们称之为真空的实体可能就是这种古怪的超导体。你要有超导性，就必须有一种能够传导的物质。我们的这种古怪超导性既然是无处不在，那么这种物质就只能让充满空间的以太来承担了。

大问题：具体来说，这是什么物质？作为宇宙超导体，它是那种像普通超导体里电子所起作用的物质吗？

不幸的是，我们清楚认识的 $Q\bar{Q}$ 不能成为这种物质以太。实际上，$Q\bar{Q}$ 确实是一种古怪的超导体，它对 W 和 Z 玻色子质量有贡献。但定量上看这种贡献小了近1000倍。

目前已知的任何形式的物质都不具有这种属性。所以我们真的不知道这种新物质以太是什么。我们只知道它的名称 —— 希格斯凝聚。这一命名是为了纪念苏格兰物理学家彼得·希格斯，是他最先提出了这些想法。最简单的可能性是，新物质以太由一种新粒子构成，这种新粒子就是所谓的希格斯子。但是宇宙超导体可能是若干种物质的混合物。事实上，正如我们提到的那样，我们已经知道，$Q\overline{Q}$ 是这个故事的一部分，虽然只是一小部分。以后我们会看到，我们有充分的理由认为，发现一个全新的粒子世界的时机已经成熟，能成为宇宙超导体中的若干种粒子里就有希格斯凝聚。

97　　　从表面上看，最有前途的统一理论[1]似乎能够预言尚未观测到的所有种类粒子的存在。添加的凝聚可能会节省点时日。新的凝聚能够使多余的粒子变得非常重 —— 正如希格斯凝聚对于 W 和 Z 玻色子，而且只会变本加厉。质量非常大的粒子难以观察。要观测到它们需要更大的能量，因此需要建造更大的加速器。甚至它们的间接影响（譬如虚粒子）也很弱。

　　　当然，向方程里自由添加新东西是一种廉价的投机，因为当观测不到它时你很容易找到借口搪塞。使统一场论变得有趣的是它们对我们所看到的世界面貌的解释能力，以及 —— 这更重要 —— 预测新东西的能力。现在我已经告诉过你了，子弹已上膛。

　　　我们感觉是真空的那种实体是一个多层次、多色彩的超导体。多么惊人、多么令人难以置信、多么漂亮刺激的概念！非同寻常那是自然了。

所有网格之母：度规场

　　　这里是我收集的爱因斯坦的话。1920 年他写道：

1.我将在第17至第21章讨论这一理论。

　　根据广义相对论，没有以太的空间是不可想象的；因
为在这种空间里不仅光无法传播，而且不可能存在空间和
时间标准（测量尺和时钟），因此任何时空间隔也都没有物
理意义。

它适合作为网格之母 —— 度规场 —— 的导言。

　　让我们用简单、熟悉的世界地图来开始。因为地图是平面的，而
它所描绘的对象 —— 地球表面 —— 则大致是球形的，显然地图需要
说明。说明地图所表示的地貌几何特征的方法有许多种，但它们依据 [98]
的基本原理则是相同的。关键是要给出局部几何处理的坐标方格说
明。更具体地说，对于地图上的每个小区域，你必须指明哪个方向表
示北哪个方向表示东（当然南和西就是相应的相反方向）。你还需规
定，在每个方向上，多大间隔相当于地球上1英里 —— 或千米，或光
毫秒，或任何其他单位。

　　例如，基于标准墨卡托投影的地图采用上北下南左东右西的规定。
这样地表就可以拟合成一个矩形。你要自西向东周游"世界"，只需
沿着水平线从地图一侧走到另一侧，甭管是沿着赤道还是沿着极圈都
行。由于地球的实际赤道周长要比极圈的长得多，因此两者在地图上
的表现给人一种扭曲的印象：似乎极地地区要远远大于它们在地球上
的实际情形。但地图坐标方格会告诉你如何获取正确的距离。在极地
地区你应该使用比例较小的比例尺！（在两极事情变得有点疯狂。地
图上整个顶端线对应于地球上一个单点，即北极，而整个底端线相当
于南极。）

　　你在地图上重建地球表面几何所需的所有信息都在地图的坐标方格说明里。[1] 例如，它可以告诉你怎么才能看出地图描述的是一个球面。首先，在地图上选择一点。然后以该参考点为基点（按坐标方格的规定）沿每个方向量得一个固定的距离 r，并标上一个点。让这些与参考点距离为 r 的点与地球上的点一一对应。将这些点连接起来。一般情况下（例如，如果你的地图是按墨卡托方法画出的），地图上的这个图形不像一个圆，即使它表示的是地球上的一个圆周。不过，你还是可以利用地图算出表示地球上圆周的图形的周长，你会发现它不到 $2\pi r$。[对专家：实际是 $R\,\sin(2\pi r/R)$，其中 R 是地球半径。] 如果地图描绘的是一个平面 —— 它可能不是很明显，如果你用的是变形的坐标方格的话 —— 那么你得到的是精确的 $2\pi r$。你还可以在地图上找出一个周长大于 $2\pi r$ 的图形。然后你会发现，地图上的这个图形描述的是一个鞍形曲面。自然啦，球面定义为具有正曲率，平面为零曲率，鞍形曲面为负曲率。

　　同样的思想可用到三维空间上，虽然可视性会变得更困难。这时我们不是将描述几何的坐标方格画在一张纸上，而是考虑在一个三维区域里填写网格说明。这种厚重的"地图"包含我们前面讨论的二维地图（作为它的切片）以及如何把切片组合在一起的说明。它们定义了三维弯曲空间。

　　因此，我们不是直接用很难想象的复杂的三维图形来研究，而是在普通空间上用网格说明来进行研究。我们可以用这些地图来工作而

1.技术要点：为了测量既非东西也非南北向的路径距离，你必须将路径裁成小段，对每一段用勾股定理来计算其长度，然后加总起来即得到原路径长度。每小段裁得越小，测量就越精确。

不会丢掉任何信息。

　　在科学文献中，描述局部几何的这些网格说明被称为度规场。地图让我们认识到，表面几何，或高维弯曲空间，等同于一个规定如何确定方向和局部距离量度的网格或场。地图的基本"空间"可以是一个点的矩阵，或计算机里的一个注册表阵列。有了适当的网格说明或度规场，无论哪一种抽象的坐标框架都可以忠实地表示复杂的几何形状。地图制造商和计算机图形制作高手都是充分利用这些可能性的专家。

　　我们还可以在这个故事里添上时间。狭义相对论告诉我们，一个 100 人的时间是另一个人的空间和时间的混合，所以我们很自然地把空间和时间同等看待。这样做我们需要一个四维数组。网格说明或度规场规定了每个点上哪三个方向是空间方向 —— 你可以把它们叫作北、东和上，尽管你映射深空的这些名字是古怪的[1] —— 和这些方向上的长度标准。它还规定了代表时间的另一个方向，并给出了在这个方向上将地图长度翻译成时间间隔的规则。

　　在广义相对论里，爱因斯坦用弯曲时空的概念来构建引力理论。根据牛顿运动第二定律，物体以恒定速度沿直线运动，除非你对它施加一个力。广义相对论将这一定律修改为假定物体沿可能的最短路径通过时空（所谓测地线）。如果时空是弯曲的，那么即使是直的可能路径也会变得弯弯曲曲，因为它们必须适应局部几何的变化。将所有这些概念合在一起，我们说物体响应度规场。根据广义相对论，物体

1.数学家和物理学家通常称它们为 x_1, x_2, x_3，虽不古怪，但难于理解。

时空轨迹上的这些弯弯曲曲 —— 用更学究式的语言，其方向和速度的改变 —— 提供一种替代的而且是更准确的引力效应的描述。

我们可以用数学上等价的两种概念来描述广义相对论：弯曲时空或度规场。数学家、神秘主义者和广义相对论专家往往喜欢几何观点，因为它优雅。在高能物理和量子场论经验传统下训练出来的物理学家则往往更喜欢场的观点，因为它能更好地对我们（或我们的电脑）进行的具体计算做出响应。更重要的是，我们一会儿将看到，场的观点使得爱因斯坦的引力理论看起来更像其他成功的物理学基本理论，因此更便于对所有物理学定律做出充分一体的、统一的描述。你大概可以看出，我就是一个场的推崇者。

一旦用度规场来表示，广义相对论就非常类似于电磁场论。在电磁学中，电场和磁场使带电物体或载流物体的轨迹弯曲。在广义相对论中，度规场使具有能量和动量的物体的轨迹弯曲。其他基本相互作用也类似于电磁作用。在量子色动力学中，带色荷物体的轨迹受到色胶子场的作用而弯曲；至于弱相互作用过程，只是涉及的荷和场有所不同；但在所有这些情况下的深层结构方程却都非常相似。

相似性远不止上述这些。电荷和电流影响到附近电场和磁场的强度 —— 即它们的平均强度，这里我们忽略了量子涨落。这是场对它所"作用"的荷电物体的"反应"。同样，度规场的强度要受到所有具有能量和动量的物体的影响（所有已知的物质形式都有这种问题）。因此，物体A的存在会影响到度规场，而度规场反过来又会影响到另一个物体B的轨迹。广义相对论就是这么来解释以前所知的一个物体作用于另一个物体的万有引力现象的。恰恰是它取代了牛顿理论的时候也证明了牛顿直观地拒绝超距作用是完全正确的。

　　理论协调性要求度规场像其他场一样是一个量子场。这就是说，它是自发涨落的。对这些涨落，我们还没有一个令人满意的理论。我们知道，度规场的量子涨落效应在实际中通常是（依我们目前的经验，总是）很小的，但这仅仅是因为我们忽略掉它们后取得了理论的成功！从微妙的生物化学到加速器上古怪的结果以及恒星和大爆炸早期的演化，所有这些领域我们都已经能够作出明确的预言，并在忽略度规场可能的量子涨落的情形下精确看到了它们的变化。不仅如此，现代全球定位系统可以直接将空间和时间展示在地图上。它没考虑量子引力，但依然非常有效。实验工作者非常努力地寻找任何可以归因于度规场量子涨落的效应，或者说量子引力的效应。诺贝尔奖和永恒的荣耀将垂青于这一发现。但到目前为止，什么都还没有发生。[1]

　　但是，芝加哥的异议——"实用价值大的东西在理论上会怎样？"——依然没过时。这里出现的问题与我们在夸克模型（特别是部分子模型，见第6章）上遇到的情形非常相似。正是对这些理论问题的担心最终导致了渐近自由概念和完整的、非常成功的夸克和色胶子理论的出现。量子引力里的类似问题尚未解决。超弦理论是一个勇敢的尝试，但很大程度上还属于进展中的工作。目前它更像是一堆关于理论看起来应是什么样的暗示，远不是一个具有明确算法和预言能力的具体的世界模型。它与基本网格概念之间还没有深刻的联系。

1.但我在书末的尾注里提出了一种很有希望的设想。

（对于专家：充其量是个笨拙的弦场论。）

在本节的开头，爱因斯坦说没有度规场的时空是"难以想象"的。从字面上看，这显然是错误的 —— 这很容易想到！例如，让我们回到地图上来。如果网格说明被删除或丢失，地图仍然能告诉我们许多事情。例如它能告诉我们哪些国家是相邻的。它只是不会可信地告诉我们它们有多大，或者是什么形状。即使没有大小和形状等资料，我们仍然可获得所谓拓扑信息，仍有许多东西可以思考。

103　　爱因斯坦的意思是说，如果没有度规场，很难想象物理世界将如何发挥作用。光不知道朝哪个方向移动或移动得有多快；尺子和时钟也不知道如何来进行度量。没有度规场，爱因斯坦关于光和物质的方程就不可能公式化，而你制作尺子和时钟的依据正是这些方程。

没错，现代物理学中的很多事情是很难想象的。我们不得不跟着我们的概念和方程被带到它们想去的地方。在这方面赫兹说的非常重要（也表述得非常好），值得将它重复如下：

　　一个无法逃避的感觉是，这些数学公式具有独立的存在性和它们自己的智慧，它们比我们更聪明，比它们的发现者更聪明，我们从它们那里得到的要比原先投入的多得多。

换言之，我们的方程 —— 或者更一般地说，我们的概念 —— 不仅仅是我们的产品，也是我们的老师。

本着这一精神，我们看到，网格充满各种物质或凝聚的这一发现产生出一个明显的问题：度规场是一种凝聚吗？或许它是由更基本的东西构成的吗？而且这一问题还引出了另一个问题：请问度规场会像 $\overline{QQ}$ 那样在宇宙起源时刻即宇宙大爆炸的极早期蒸发吗？

提出的这类问题曾经困扰着圣·奥古斯丁："上帝在创造世界之前在做什么？"（潜台词：他还在等什么呢？越早开始不是越好吗？）正面的回答将开辟一条解决这个问题的新途径。圣·奥古斯丁给出了两种答案。

> 第一个答案：上帝在创造世界之前，在为问这种愚蠢问题的人准备地狱。
> 第二个答案是：在上帝创造世界之前，不存在"过去"。所以，这个问题没有意义。

他的第一个答案较有趣，但第二个答案，详见奥古斯丁《忏悔录》第10章，更令人感兴趣。奥古斯丁的基本论点是，过去不存在，[104] 未来也不存在；这里能说的只有现在。但是过去作为现在的记忆可以在心里存在（当然未来也一样，作为现在的预期）。因此，过去的存在取决于思想的存在，没有思想就谈不上"之前"。在思想产生之前，不存在以前！

一个现代的、世俗版本的奥古斯丁问题是："大爆炸之前发生了什么？"而他的第二个基于物理学版本的答案可能适用。对于时间头脑不是必要的 —— 我不认为许多物理学家会接受这个观点（物理方程当然更不会了）。但是，如果度规场蒸发了，时间标准也就被带走了。一旦没有时钟的存在 —— 不只是精心制作的计时设备，还包括可以用来计时的任何物理过程 —— 时间本身，以及整个"之前"概念，就都失去了意义。时间的流逝是与度规场的凝聚一起开始的。

度规场在压强下可以以其他某种方式（结晶？）变化吗，譬如在黑洞中心附近？（我们知道，夸克在压强下将形成奇怪的凝聚，而且有有趣的名字，比如色味锁定超导体，这与 $Q\overline{Q}$ 的情形不同。）

我们需要的用来统一其他力的上述物质可以作为度规场赖以生成的更基本的物质吗？

大问题，我希望你能同意！不幸的是，我们尚没有有价值的答案。（我一直在进行这方面工作……）但是，这表明了我们有进展，我们的目标在提升，也就是说，我们现在已经可以正确地提出问题，并认真思考爱因斯坦认为"不可想象的"各种可能性。我们现在已经有了更好的方程和更丰富的概念，我们让它们引领我们前进。

网格的量度

质量一向被认为是物质的一种确定的属性 —— 一种使物质成其为物质的特性。最近天文学上发现，网格是可量度的 —— 我们视为真空的实体具有普遍的非零密度。这一发现使物理实在的问题再次成为关注的焦点。虽然它与本书的主旨关系不是很密切，但值得我们花上几页来讨论这一发现的性质和它的宇宙学意义，因为这既具有根本的重要性又极其有趣。[1]

网格密度的概念本质上等同于爱因斯坦宇宙项，后者本质上又等同于"暗能量"。它们的解释和强调略有不同，我会在它们出现的地方给予解释，但所有这三个概念指的都是同一个物理现象。

1917年，爱因斯坦为他两年前最初提出的广义相对论方程引入了一个修正项。他的动机是宇宙学。爱因斯坦认为，宇宙应有一个无论是在时间上还是在空间上（平均意义下）都不变的密度。因此，他希望找到一个具有这些属性的解。但是，当他将他的原始方程运用到作为一个整体的宇宙上去时，他无法找到这样的解。问题实质很容易抓住。牛顿在1692年就预言过。他在给理查德·本特利的那封著名的信中说：

> ……在我看来，构成我们的太阳和行星的物质以及宇宙的所有物质如果是均匀分布在整个天空上的，每颗微粒对于其他所有微粒来说都有其内在的引力，而物质散布其中的整个空间又是有限的，那么，处于这一空间外面的物质，将由于其引力作用而趋向所有处于其里面的物质，其结果是落到整个空间的中央，并在那里形成一个巨大的球状物体。但是，如果质量是均匀分布于无限空间中的，那么它就绝不会聚集成一个物体，而是其中有些物质汇聚成一个物体，另一些物质则汇聚成另一个物体……

---

1. 为了避免一次性引入过多的复杂概念，我将另一项极为有趣的天文学发现——"暗物质"——放到以后去讨论。

106　　　简而言之：引力是一种普遍的吸引力，物体都不愿意分开。引力总是试图把物体合在一起。因此你找不到一个让宇宙保持恒定密度的方法就一点也不奇怪了。

　　　为了获得他想要的解，爱因斯坦更改了方程。但他以一种非常特殊的方式来改变它们，以便不破坏其最重要的特征，即它们描述引力的方式符合狭义相对论。基本上只有一个办法能够做到这一点。爱因斯坦将加入引力方程的这个新的项称为"宇宙项"。他并没有真正给出它的物理意义，但现代物理学给了它一个令人信服的解释，一会儿我就会谈到。

　　　爱因斯坦增加宇宙项的目的是要描述一个静态的宇宙，但随着20世纪20年代宇宙膨胀证据的确认（主要是埃德温·哈勃的工作），他的这种想法很快就过时了。爱因斯坦认为，这一想法使他没能预言到宇宙膨胀，这是他一生中的"最大错误"。（这确实是一个大错，因为他给出的宇宙模型，甚至他的新方程，是不稳定的。严格均匀的密度是一个解决办法，但对均匀性的任何小的偏离都会随时间增大。）尽管如此，他确认有可能在广义相对论方程里增加新的项而不破坏原有理论，确实有先见之明。

　　　宇宙项可以从两方面来看。就像 $E=mc^2$ 和 $m=E/c^2$，它们在数学上等价但却有着不同的解释。看法之一，也就是爱因斯坦看待它的方式，是作为对万有引力定律的修正。另一种看法，是将这一项看作是无论何处无论何时都具有恒定质量密度和恒定压强的反映。由于各处的密度和压强都具有相同的值，因此它们可被看成为空间本身的内在性质。这正是网格的观点。如果我们将空间具有这些特性看成是既定事实，并专注于在引力方面产生的后果，我们就回到了爱因斯坦的观点。

　　支配宇宙项物理的重要关系通过光速 c 将密度 ρ 与所施加的压强 p 联系起来。这个方程没有标准的名字，我们不妨顺便给它取一个。我叫它好脾气方程，因为它为调整网格规定了适当方式。好脾气方程写出来是[107]

$$p = -\frac{p}{c^2} \qquad\qquad (1)$$

它从何而来？意味着什么？

　　好脾气方程看上去就像爱因斯坦第二定律 $m = E/c^2$ 的突变克隆。m 变成了 ρ，E 变成了 $-p$，你不禁会注意到它们的相似性。实际上它们有着深层次联系。

　　爱因斯坦的第二定律将静止的孤立物体的能量与其质量联系起来（见第3章和附录A）。这是狭义相对论的一个结果，虽然不是非常明显。事实上，它并没有出现在爱因斯坦的第一篇相对论论文里，而是出现在第一篇论文发表后单独成篇的一个说明里。

　　好脾气方程同样是狭义相对论的后果，只是现在运用于均匀的、充满空间的实体，而不是孤立的物体。非零网格密度如何能够与狭义相对论相协调，这不是一眼就能看穿的。为了更好地理解这个问题，我们来考虑著名的菲茨杰拉德-洛伦兹收缩，我们在第6章曾遇到过它。对于以恒定速度移动的观察者来说，物体在运动方向看起来似乎压扁了。因此，移动的观察者似乎会看到更高的网格密度。这与相对论的平移对称性相抵触，平移对称性认为他应当看到相同的物理定律。

由好脾气方程可知，随密度变化的压强提供了一种观察视角。根据狭义相对论方程，移动观察者的量器给出的是一种新的密度，它是旧密度和旧压强的混合 —— 正如（也许更熟悉）它的时钟记录的时间间隔是旧的时间间隔和旧的空间间隔的混合物。当且仅当旧的密度和旧的压强之间的关系同样可以由好脾气方程来描述时，新密度（和新压强）的值才等于旧的相应值。

另一个与好脾气方程的结果密切相关的是网格密度宇宙学的核心。在膨胀的宇宙中，任何正常物质的密度都会降低。但是，好脾气网格密度将保持不变！如果你学过大一的物理和代数，就会明白密度的恒常性直接与爱因斯坦第二定律紧密关联。（如果没学过大一的物理和代数，可跳过下一段。）

考虑空间体积 V，其网格密度为 ρ。让体积扩大一个 δV。一般来说，随着物体体积扩大，它的压强做功，因此能量要减少。但是好脾气方程的负号给出的是负压强 $p = -\rho c^2$。因此膨胀带来的是正能量 $\delta V \times \rho c^2$。因此，根据爱因斯坦第二定律，其质量增加 $\delta V \times \rho$。而这正好足够用密度 ρ 来填充增大的体积 δV，从而使网格保持其密度不变。

我们所讨论的每一种网格成分 —— 各种涨落的量子场、$\overline{QQ}$、希格斯凝聚，统一所需的凝聚、时空度规场（或凝聚？）等 —— 均是脾气良好的。每一种这类充满空间的实体均服从好脾气方程，因为它们每一个都符合狭义相对论的平移对称性。

我们可以用完全不同的技术来分别测量宇宙的密度和压强。密度影响空间的曲率，天文学家可以通过研究这种曲率造成的遥远星系图像的变形来测量曲率，或者利用一种强大的新技术 —— 宇宙微波背景辐射 —— 来测量曲率。截至2001年，已经有几个研究小组采用这种新技术证明了宇宙中应存在比普通物质更多的物质，总质量的约70%似乎是以空间和时间上均非常均匀的分布存在的。

109

这种压强影响到宇宙的膨胀速度。这个速度可以通过研究遥远的超新星来测量。超新星的亮度告诉你它们有多远，而它们的谱线红移则告诉你它们向后退却的速度有多快。由于光速是有限的，我们观察得越远，我们看到的就是它们越早的过去，因此，我们可以用超新星来重建宇宙膨胀的历史。1998年，两个装备一流的观察者小组报告说，宇宙膨胀的速度正在增加。这是一个巨大的惊喜，因为普通引力的吸引性趋于抑制膨胀。一些新的效应表现出来了。最简单的可能就是普适的负压强，它鼓励膨胀。

术语"暗能量"成了这两个发现 —— 额外质量和加速膨胀 —— 的替代语。它的原意本是指密度和压强的相对值是不可知的。如果我们干脆将两者视为宇宙项，那么我们就可以预先判断其相对幅度。显然，我们可能是正确的。宇宙质量密度和宇宙压强，我们以非常不同的方式观察到的这两个完全不同的量，似乎以方程$\rho = -p/c^2$联系在一起。

空间可称重能够通过天文学来发现吗？ 我们能够根据服从好脾气方程所确认的深层结构来建立最佳世界模型吗？是还是否。坦率地说，也许我更应该选否。

现在的问题是，天文学家确定的宇宙总密度远远小于我们用各种凝聚给出的简单估计值。下面是各种理论给出的密度估计值，它们都是天文学家给出的值的好些倍：

● 夸克-反夸克凝聚：10^{44}
● 弱超导凝聚：10^{56}
● 统一超导凝聚：10^{112}
● 无超对称性量子涨落：∞
● 超对称性量子涨落[1]：10^{60}
● 时空度规：？（当今的物理学还没能给出一个简单的估计。）

如果这些简单的估计是正确的，宇宙演化的速度将比我们观察到的更快。

为什么空间的实际密度要小得多？这其中也许有某种巨大的巧合，也可能有其他未知因素的贡献，某些因素的贡献必须是负面的，使得总贡献远小于每个单个因素的贡献。也许是我们对引力如何影响到网格密度的理解与实际情形还有很大的差距。也许两者兼而有之。

1.后面我们会与大统一理论联系起来深入讨论超对称性概念。这里的主要目的是要表明，它和其他情形下一样给出的密度估计大得离谱。

我们不知道。

在暗能量发现之前，大多数理论物理学家面对简单估计得到的空间密度和观测结果之间的巨大差异，希望能有某个非凡的洞察力来很好地说明为什么真实答案是零。费恩曼的答案"因为它是空的"是我听到的最棒至少是最有趣的想法。如果答案真的不是零，我们就需要有其他想法来说明。（逻辑上依然可能存在这种情形：最终密度是零，只是宇宙是非常缓慢趋向这个值。）

当今流行的一种猜测是，可能许多不同的凝聚都对密度有贡献，有些是正面的，有些是负面的。只有当诸多贡献相互抵消得差不多了，你才能得到一个足可观察的缓慢演变的宇宙。可观察宇宙已为潜在的观察者留出足够的时间用以观察其演变。因此 —— 根据这一猜测 —— 我们看到的是一个小得难以置信的总网格密度，因为如果它很大，就没人能观测到它。[111]这种观点也许是正确的，但它很难做出明确的检验。有时，我们利用多收集样品来降低不确定性以提高精度。这样做的前提是对象可以运用量子力学。但是，对于宇宙，我们始终只有这一个样本。

在我们观察到的宇宙中，网格是可量度的。幸运的是，要敲定这一结论，一个宇宙就足够了。

概要

在本章的开头，我已告知了网格的关键特性，它们是物理实在的基础：

● 网格充满空间和时间。

● 网格的每一个片段 —— 每个时空元 —— 具有与其他片段相同的基本属性。

● 网格与量子行为共存。量子行为具有特殊性。它是自发的和不可预测的。要观察量子行为，你必须扰动它。

● 网格也包含持久的物质成分。宇宙是一个多层次、多色彩的超导体。

● 网格包含度规场，它使时空具有刚性，并引起引力。

● 网格可量度，即具有宇宙密度。

现在，促销演示已经结束，我希望你买下它！

第 9 章
计算物质

比特游戏产生我们的它。

约翰·惠勒曾发明了一个使人易记的词来描述内涵深刻的概念，这个词叫"黑洞"。但我喜欢的叫法是"比特做的它（Its from Bits）"。这个词反映了理论科学中一种鼓舞人心的理想。我们努力寻求能够充分反映现实的数学结构，使得任何有意义的方面都不会被遗漏。求解方程不仅能告诉我们都存在些什么，而且能够告诉我们"它"是如何表现的。通过这样一种理想的实现，我们可以把现实变成一种我们脑海中可操作的形式。

哲学唯物论者声称，物质是第一位的，大脑（思想）源于物质，意识源于大脑。唯心论者则声称，意识是第一位的，思想是意识机器，意识机器产生物质。"比特做的它"认为，我们不必两者择一。两者可以同时都是对的。它们只不过是用不同语言描述的同一件事情。

对"比特做的它"的最终挑战是找出能够反映意识经验和可变心智的数学结构 —— 一言以蔽之，造出能思考的电脑。这一点现在还没有实现，人们仍在争论它是否有可能。

113 "比特做的它"的一个令人印象最深刻的例子正是我在本章要说明的。量子色动力学的算法使得我们有办法计算出质子、中子和整个强相互作用粒子。它们由比特产生，真的！

作为额外的收获，我们还有另一个惠勒式概念："无质量群体"。正如我们在第6章讨论的各种实验中所显示的，质子和中子的构件是严格意义上无质量的胶子和非常接近无质量的夸克。（有关的u夸克和d夸克的质量约为质子的1%）

在长岛布鲁克海文国家实验室和世界其他几个研究中心，有一些人们很少踏入的特殊屋子。这些屋子里似乎什么事情都没有，也没有明显的搬动，唯一的声音是风扇平稳的转动声，这些风扇是用来恒温去湿的。在这些屋子里，大约有 10^{30} 个质子和中子在工作。它们被组织成数百台电脑进行并行运算。运算速度高达万亿次浮点运算率，即每秒 10^{12} 次浮点运算。我们让它们劳动几个月—— 10^7 秒。最后整个工作相当于每个单个质子要工作 10^{-24} 秒，目的是要弄清楚如何以最佳的可能方式协调夸克和胶子场，以使网格满意并达到稳定平衡。

为什么这事这么难办？

因为网格是个难缠的女人。

更为准确地说，她太复杂。她脾气多变，而且暴戾无常。

量子力学用波函数工作，波函数一次可表示多种可能的组态，但我们的传统计算机一次只能处理一种组态。为了模仿多种组态之间的相互作用（在量子描述中它们同时存在），一台典型的电脑必须：

1.搅拌很长一段时间，以产生各种组态；
2.存储这些组态；
3.将其目前的内容与以前的记忆交叉关联起来。

114

总之，在目的和手段之间很难找到好的配合。如果量子计算机能够实现，我们可能会好得多。更重要的是，我们试图计算的东西 —— 我们看到的粒子 —— 构成涨落网格这个动荡不安的大海上的一道道小涟漪。要从数值上找到粒子，我们必须模拟整个大海，然后再去寻找出小扰动。

32维的玩具模型

当我还是个孩子时，我喜欢将塑料模型火箭拆了再装，装了再拆。这些模型没法运送卫星，更不用说载人登月了。但是我可以将它们拿在手里玩个不停，它们有助于发挥想象力。它们是按比例设计的，小塑料人也按比例配置，由此我养成了大小比例意识，懂得了拦截导弹和运载火箭之间的区别，获得了像有效载荷和可拆卸平台等一些重要概念。玩具模型可以很有趣也很有用。

同样，在试图理解复杂的概念或方程组时，最好也借用玩具模式。一个好的玩具模型不仅可以抓住实际事物的某方面特征，而且可以做得足够小，使我们可以在脑子里运作。

在接下来的几段里我将向你展示一个量子实在的玩具模型。尽管这是个大大简化了的模型，但我认为它已经复杂到足以表现量子实在的博大精深。量子实在的要点是确确实实的大。我们将建立一个玩具模型来描述只有5种粒子自旋的社会生活 —— 并发现它充满了32维空间。

115　　首先从具有最小单位自旋的量子粒子开始。这里我们舍弃了粒子所有其他的特性。由此产生的对象即所谓的量子比特。（对于专家：被适当电场约束在确定空间态的冷电子实际上就是一个量子比特。）量子比特的自旋可以指向不同方向。我们写成

$$|\uparrow\rangle$$

它表示量子比特自旋取向上的态，而

$$|\downarrow\rangle$$

表示量子比特自旋取向下的态。

量子比特还可以自旋指向侧面的态，这是个有趣的开场。正是在这里，在这个节骨眼上，量子力学的核心不可思议性地开始发挥作用。

指向侧面的态不是新的独立的态。这些横向指向的态以及量子比特的所有其他的态都是已有的 $|\uparrow\rangle$ 和 $|\downarrow\rangle$ 的组合态。

具体来说，例如，指向东的自旋态是

$$|\rightarrow\rangle = \frac{1}{\sqrt{2}}\,|\uparrow\rangle + \frac{1}{\sqrt{2}}\,|\downarrow\rangle$$

即自旋指向东的态是指北和指南态的均匀混合态。如果你测量水平方向的自旋，你总会发现它指向东。但是，如果你要测量垂直方向的自旋，你同样会发现，它不是指向南就是指向北。这就是这个奇怪方程的含义。更详细地，如果你测得了垂直方向上的自旋，那么计算给定结果（上或下）的概率的规则是取该结果态系数的平方。例如，数 $1/\sqrt{2}$ 乘以自旋上态，因此找到自旋向上的概率就是 $\left(1/\sqrt{2}\right)^2 = 1/2$ 。[116]

　　这个例子以缩微形式展示了根据量子理论给出的物理系统描述中的成分。系统的态由其波函数描述。你刚才看到的是3个具体的态的波函数。波函数由乘以被描述对象的每个可能组态的一组数组成。（这些数可能是零——因此，如果我们高兴我们可以写成 $|\uparrow\rangle = 1\,|\uparrow\rangle + 0\,|\downarrow\rangle$ 。）每个组态所乘的数被称为该组态的概率幅。概率幅的平方就是观察到该组态的概率。

　　那什么是西自旋状态呢？由对称性可知，它也应该有自旋上和自旋下两者平均的概率，但必须不同于东自旋。因此写成

$$\leftarrow\rangle = \frac{1}{\sqrt{2}}\,\uparrow\rangle + \frac{1}{\sqrt{2}}\,\downarrow\rangle$$

多出的"－"号不会影响到概率，因为我们取的是平方。指东和指西，概率是相同的，但概率幅不同。（一会儿我们将看到，当我们一次考虑几个自旋时，负号会有什么样的后果。）

现在让我们来考虑两个量子比特。要获得两个都朝东的态，我们将指向东的两个态并乘，得到

$$|\rightarrow\rightarrow\rangle = \frac{1}{2}|\uparrow\uparrow\rangle + \frac{1}{2}|\uparrow\downarrow\rangle + \frac{1}{2}|\downarrow\uparrow\rangle + \frac{1}{2}|\downarrow\downarrow\rangle$$

找到两个均向上的概率是（1/2）^{2} = 1/4，一个向上一个向下的情形以及其他情形的概率也都同此。类似地，如果两个态都朝西，我们有

117

$$|\leftarrow\leftarrow\rangle = \frac{1}{2}|\uparrow\uparrow\rangle - \frac{1}{2}|\uparrow\downarrow\rangle - \frac{1}{2}|\downarrow\uparrow\rangle + \frac{1}{2}|\downarrow\downarrow\rangle$$

我们再一次看到，所有上和下的概率均相等。

仅这两个量子比特，我们就已发现了一些真正恼人的行为了。（该术语叫纠缠。）让我们考虑这样的两个态，它们由两个指东与两个指西的态复合而成。

$$\frac{1}{\sqrt{2}}|\rightarrow\rightarrow\rangle + \frac{1}{\sqrt{2}}|\leftarrow\leftarrow\rangle = \frac{1}{\sqrt{2}}|\uparrow\uparrow\rangle + \frac{1}{\sqrt{2}}|\downarrow\downarrow\rangle$$

$$\frac{1}{\sqrt{2}}|\rightarrow\rightarrow\rangle - \frac{1}{\sqrt{2}}|\leftarrow\leftarrow\rangle = \frac{1}{\sqrt{2}}|\uparrow\downarrow\rangle + \frac{1}{\sqrt{2}}|\downarrow\uparrow\rangle$$

对于每一个等式，等号左边表达的是，如果我们在水平方向测量自旋，我们得到的既可以是两者都指向东，也可以是两者都指向西。每种情形发生的概率均为 1/2。但我们永远不可能测到一个指向东另一个指向西。因此，就水平方向测量而言，这两个态的期望值是一样的。这就像知道你有一双配对的袜子，黑色或白色的，但不知道究竟是哪种

颜色。这就是等号左边提供的信息。

等号右边告诉你的是，还是这两个态，如果你测量两个都沿垂直方向的自旋时你会得到什么结果。现在结果确有很大的不同。在第一个态，自旋均指向上，或指向下；每种可能性出现的概率为1/2。而在第二个态（第二个等式），以前我们认为与第一个态相同。现在从另一个角度来看则明显不同。在第二个态，你永远找不到自旋指向相同的垂直方向：如果一个指向上，另一个一定指向下。

这些态无论哪一种都令爱因斯坦、波多尔斯基和罗森不胜其烦，因为它们表现出著名的EPR悖论的本质。测量第一个量子比特的自旋告诉你，其结果要等你测量了第二个量子比特后才能得到，尽管它们本身可能分开很大的距离。从表面上看，这种"诡秘的超距作用"（用爱因斯坦的话说）似乎能以比光更快的速度传递信息（告诉第二个自旋方向必须指向何方）。但这是一种幻想，因为要让两个量子比特都进入一种确定的态，我们必须先让它们在一起开始，然后再将它们带到相距遥远的地方，但如果量子比特行走得不能比光速还快，它们就不能携带任何信息。

更一般地说，要构建两个量子比特的一切可能的态，我们要增加到四个可能性 $|\uparrow\uparrow\rangle$，$|\uparrow\downarrow\rangle$，$|\downarrow\uparrow\rangle$，$|\downarrow\downarrow\rangle$，每一种乘以一个单独的数。由此定义了一个四维空间 —— 你可以一步跨出四个不同方向的距离。[1]

118

---

1. 为了避免可能出现的混乱，计算中这么考虑：南和北算作一个方向 —— 向南走1英里等于向北走负的1英里。

要描述5个量子比特的可能的态，对每一个量子比特我们有向上或向下的选择（例如：|↑↓↑↑↓⟩ 或 |↑↑↓↓↑⟩）。因此有 2×2×2×2×2=32 种可能性，一般的态可以包含所有这些情形，每个乘以一个数。这就是我们发现的一个32维的玩具模型。

拉普拉斯恶魔与网格地狱

从1799年到1825年，皮埃尔·西蒙·拉普拉斯出版了5卷本巨著《天体力学》。这是一部基于牛顿原理的数学天文学，完美性和精确性都达到了新的高度。拉普拉斯对他能够准确计算天体的运动留有深刻的印象。他原以为如此完美精确可知的计算只有恶魔可以做到。于是他决定让他的恶魔能够通过计算来预知未来，或重建过去：

119

> 一位智者，如果在某一给定瞬间，能知道所有支配自然界的力和组成自然界的物体的相对位置，并且他的智慧足以对这些数据进行分析，那么他就能用一个相同的公式来概括宇宙中最大的天体和最小的原子的运动。对这样的智者来说，没有什么是不确定的，未来和过去一样，都历历在目。

当然，拉普拉斯心里有一个基于牛顿力学的宇宙。那么他的恶魔在今天也切合实际吗？当前的完备知识和无限的数学技能就能降低计算过去和未来过程中的不确定性？

网格地狱压垮了拉普拉斯恶魔。

让我们首先考虑恶魔面临的问题。拉普拉斯认为，如果你规定了世界上每个原子的位置和速度，你也就确定了这个世界。没有什么是不知道的。他认为，物理学提供的方程组将某一时刻的位置和速度的完备数据与下一时刻（或上一时刻）的相应数据联系起来。因此，如果你知道世界在t_0时刻的状态，你就可以计算出世界在其他任何时刻t_1的状态。

随着现代量子理论的出现，世界已变得比拉普拉斯能够想象的更大。我们的玩具模型只有几个量子比特，但却包含有32维世界。量子网格体现了我们对实在的最深刻的理解，它需要在每个时空点上存在多个量子比特。一个点上的量子比特描述你在这一点上可能发生的各种事情。例如，其中之一用来描述（如果你能看的话）你看到的一个自旋向上或向下的电子的概率，还有一个用来描述（如果你能看的话）你看到的一个自旋向上或向下的反电子的概率，还有一个用来描述（如果你能看的话）你看到的一个自旋向上或向下的[120]红色u夸克的概率……其他描述你所看到的光子、胶子或其他粒子可能出现的结果。最重要的是，如果空间和时间是连续的——根据现有的物理学定律，它们目前都很有效——那么时空点的数目将是高度无限的。

世界不再是建立在虚空中的原子基础之上，所以世界的态也不再是由大量原子的位置和速度组成。相反，世界是由巨大的多至无限的量子比特来描述的。要说明其态，我们必须为每一个可能的量子比特组态指定一个数——概率幅。既然在我们的5量子比特玩具模型里，我们发现可能的态都会充满32维空间；那么，在我们必须用来说明网格态的空间里，也就是在我们的世界里，则会产生无限的无限。

Googol是指10^{100}——1后面跟100个0。这是一个极大的数目。例如，1 googol要比可见宇宙中的原子数目多得多。但是，即使我们将整个空间更换为沿每个方向只有10个点的格点，并在每个点上放置一个量子比特，那么这个量子力学版的模型世界的维数也要比1 googol多上许多。事实上，这是一个其维度大大超过googol的googol的空间。

所以，恶魔第一项任务——确知"组成自然界的物体的相对位置"——就是一项艰巨的任务。要了解世界的状态，他必须在极大极大的空间里找到一个具体点。与此相比，大海里捞针那简直是太容易了。

还有更糟糕的。前面我们谈论的只是网格的自发活动，其中充满了量子涨落或虚拟粒子。这些都是对实在的一种粗糙的非正式的描述，现在我们有了更准确表达的语言。说网格包含自发活动就是说它的状态不是单纯的一个。如果我们用高时空分辨率来观察虚空中正在运动的实体——例如在大型电子对撞机上进行实验——我们就会发现许多可能的结果。每一次观察我们都能看到不同的东西。每一次观察相当于暴露一段描述典型的、很小空间区域的波函数。每一次观察体现了波函数的一种可能性，即以一定概率幅出现的概率。

因此，我们正在寻找的这根针不是在大海里，也不是在任何一个具体简单的地方。它是处于无边无界的广袤时空中。

拉普拉斯的假想恶魔真该庆幸有着关于世界状况的完备知识。它知道针在哪里。但他那是想象。我们这些不拥有完备世界状态知识的人如果也想预测一下未来的事情，我们该怎样才能获得某些相关的知识？我们知识上的差距会有多大影响？

显然正如玻尔对约吉·贝拉[1]说的："预言是非常困难的，特别是针对未来的预言。"为什么我们有了所有正确的方程但预测未来还是如此困难，这里（至少）可以给出如下两个基本理由。

一个来自混沌理论。简单来说，混沌理论说的是，你在t_0时刻关于世界状态的知识上的些许不确定性会造成t_1时刻世界状态非常大的不确定性。

另一个理由来自量子理论。正如我们讨论过的，量子理论通常给出的是概率预测，而不是确定性。事实上，量子理论给你的只是关于系统波函数如何随时间变化的完全确定的方程。但是，当你用波函数来预测你观察的结果时，它给出的只是一组取不同结果的概率。

有鉴于此，那我们不是已经变得还不如前人了？因为拉普拉斯当时原则上已经通晓人类可以计算的东西。但实际上，我们回答的问题是拉普拉斯不能想象的，是他做梦也想不到的。例如……

---

1. Yogi Berra（1925—），美国著名棒球手。——译者注

[122] 大（数）运算

见多识广的现代计算超人知道，他们根本不能像拉普拉斯恶魔那样计算一切。他们的策略是，发现实在中那些他们能解决的问题。幸运的是，偶然性、不确定性和混沌没能搞乱自然世界的每个方面。我们在计算方面很感兴趣的许多事情，譬如我们用来做药丸的物质分子的形状，我们用以制造飞机的材料的强度，以及质子的质量等，都具有稳定的特点。此外，这些系统可以孤立地加以考虑；它们的特性很大程度上不取决于整个世界的状态。[1] 在超人计算机的艺术中，稳定、孤立的系统自然成了详加描述的主题。

因此，充分认识到困难就会无所畏惧，物理学的英雄们已经做好迎接困难的准备，申请资助，购置计算机机群，焊接线路板，调试程序，甚至思考 —— 不惜一切要从网格地狱夺得答案。

我们如何计算质子的肖像？

首先，我们必须通过计算机可控制的有限结构 —— 格点 —— 来连续变换时间和空间。当然，这是一种近似，但是如果点与点之间的距离足够小，那么误差将会很小。其次，我们必须将极大极大的量子实在压缩成一部经典计算机。网格的量子力学态处在一个巨大的空间中，其波函数包含了许多可能的活动模式。但计算机同时可以操纵的只有少数几种模式。由于任何一种活动模式的演化方程会出现在所有

1.至少，这是个好的工作假说，其价值由其成功而得到认可。

其他模式中，因此经典计算机必须在内存里存储巨量模式库，每种模式由其概率幅表示。要推演当前的模式，计算机需要逐步搜集旧模式的相关信息，并计算所存储的每一种模式带来的变化。最后，它将当前模式的演化概率幅存储起来，并开始下一个演化模式的计算，如此循环反复。网格是一个严格的女人。

123

我们的眼睛没有进化到能看清10^{-14} cm距离以内的东西，我们的大脑也不可能感知到10^{-24}秒量级上发生的事情。这些功能无助于我们避免被捕食或寻找理想的伴侣。但随着计算机循环遍历网格组态，它们正在构建我们眼睛能看到的模式，就好像眼睛适应了这些微小的距离和时间。利用我们的脑瓜，我们可以改善我们的视野。这就是图版4为我们提供的情形。

一旦我们感觉到"真空"空间有嗡嗡声，我们就能截获它。也就是说，我们可以通过注入某种额外的活动扰动网络并让这种活动静下来。如果我们发现系统对于外部输入是稳定的，能量在局部聚集，那么我们就发现了 —— 也就是计算出了 —— 稳定的粒子。（如果理论没错！）我们可以将其与质子p，中子n和其余粒子对照。如果我们发现能量的局部富集在消散前能坚持好一会儿，我们就发现了不稳定粒子。它们可以与ρ介子、Δ重子及其亲属对照。

为了说明它看起来是怎样的，我们来看图版6及其文字说明。这是我们对p，n，ρ，Δ,⋯的最深刻的理解。

图9.1显示了我们需要面对的非常具体的挑战。这是强子谱的一

部分，即已观测到的强相互作用粒子。它们的关键识别特征：质量和自旋。图注提供了这些粒子的详细技术说明。这些细节（还有更多的！）相当复杂，只有专家能充分理解其意义。但你要了解的信息很简单，大量的事实还需要理论来解释。

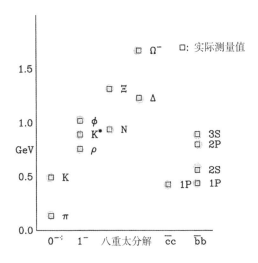

图9.1　量子色动力学必须给予解释的强相互作用粒子谱。每个点对应于一种观察到的粒子。点的纵坐标表示粒子的质量。前两列分别是自旋为0的介子π, K和自旋为1的介子ρ, K* 和 φ。第三列和第四列分别是自旋1/2的重子：N，Ξ和自旋3/2的重子：Δ，Ω。第五列和第六列分别是具有不同自旋的"粲夸克型"和"底夸克型"介子。这些介子可分别理解为较重的c（粲）夸克及其反夸克的束缚态和b（底）夸克及其反夸克的束缚态。在这两列中，高度代表的是有疑问粒子的质量与最轻的粲夸克型或底夸克型束缚态之间的质量差

图9.2显示了如何用三个测得的质量来校正理论参数。也就是说，我们事先不知道如何计算应指派给夸克的质量或整体耦合常数。确定这些值的最准确的方式是计算本身。因此，我们用不同的值来试以便拟合到与观测值最接近的值。

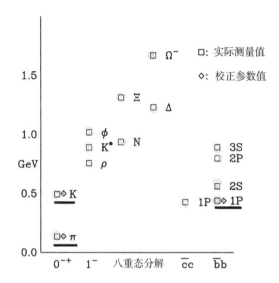

图9.2 3个质量被用来校正量子色动力学的自由参数。因此，这3个质量是拟合得到的，不是预测得到的。但是一旦校正完成，就没有更多的变动余地

如果一个理论有很多参数，你调整它们的值来适应大量数据，那这种理论就不是真的能预测这些事情，而只是容纳了它们。科学家用诸如"曲线拟合"和"内插因子"等词汇来描述这样的做法。这些短语并不意味着被抬升。另一方面，如果一个理论只有几个参数但却能适用于大量数据，那它是真正有效用的。你可以用很少的测量数据来修正参数；然后所有其他测量量都可以唯一地被预测出来。

从这种客观意义上说，量子色动力学确实是一个非常强大的理论。它不仅不需要也不允许有许多参数：只有每种夸克的质量和一个普适的耦合强度；而且大多数夸克的质量都与图中粒子质量的计算无

关。图中的粒子质量数据是我们能够获得的精度下的数据：其他效应
将引入更大的不确定性。我们只需要引入最轻的u夸克和d夸克的平
125 均质量 m_{light}、奇异夸克的质量 m_s 以及耦合强度这3个量。一旦确定了
这3件事，我们就没有更多的变动余地了。既没有内插因子可取，也
没有任何借口好用，一切都明明白白。如果理论是正确的，计算就会
符合事实。如果计算不符合事实，那么理论就无可挽回地错了。

图9.3显示了质量和自旋的计算值 —— 量子色动力学毫不含糊
的预测结果 —— 如何与实测值进行比较。由于自旋是离散单位，要
么符合要么不符合，因此我们最好找出观察粒子的准确自旋值和预言
粒子的大致质量，别无他法。终于可以松口气了，我们注意到，在每
个"实测值"方块符号旁都有一个或者是"计算值"圆圈或者是"修
126 正参数值"菱形符号。你看到了吧，计算的质量与观测值符合得相当

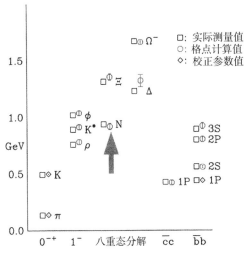

图9.3　粒子自旋和质量的观察值和预测值之间的成功比较

好。你还会注意到计算值的垂直"误差棒"。它反映了计算的残余不确定性。由于计算机的计算能力是有限的(尽管已很强大),因此计算中必须采取各种近似和妥协。

图中最显眼处是箭头指向的字母"N"。N代表核子,即质子或中子。(在图中的标尺下,它们的质量是无法区分的)量子色动力学成功地从第一原理出发解释了质子和中子的质量。反过来,质子和中子的质量又解释了占压倒性多数的物质质量问题。我曾保证过可以解释95%的质量的起源,现在实现了。

令人惊奇的还有那些你从电脑计算结果中看不到的东西。你注意到没有,图中没有额外的圆圈零星分布着,这表明预测粒子都已被观测到。特别值得注意的是:计算的基本输入是夸克和胶子,它们不会 [127] 出现在输出端!约束原理在这里似乎对完整全面的实在匹配给出了一个脚注。

当然,计算一个物理量 —— 哪怕算得再快 —— 也不等同于理解了它。下一章我们将专门讨论这个问题。

在结束本章之前,我想顺便对朴实无华的图9.3和给出这些数据的研究团体表示一下敬意。通过充分利用现代计算机技术和在此基础上的极高精度的艰难计算,这些数据表明,高度对称的坚挺的方程以令人信服的和充分定量的方式说明了质子和中子的存在及其性质。它们展示了质子质量的起源,从而在很大程度上解决了物质质量的起源问题。我相信这是最伟大的科学成就之一。

第 10 章
质量起源

128　　知道如何计算某个物理量并不等于你理解了它。有了计算机计算，我们对解决质量起源问题可以说满怀信心，但这并不令人满意。幸运的是，我们能弄懂这个概念。

经过海量的不透明的运算后，计算机吐出了答案。但这个答案并不能满足我们对理解的渴望。怎么办？

保罗·狄拉克以沉默寡言著称，但一旦他开口，他所说的往往意义深刻。他曾说："我觉得，当我无需实际去解就可以预见方程的解的行为时，我算是理解了这个方程。"

这种理解的价值是什么呢？

对于成天与方程打交道的人来说，"解"方程只是一种手段——一种不完善的手段。我们在前一章中讨论的计算就是一个富于启发的例子。它们无可辩驳地说明，夸克和胶子网格的方程准确解释了质子、中子和其他的强子的质量。这些方程还表明，夸克和胶子是看不见的。（你可以通过计算它们的质量来证明孤立的夸克或胶子是不可见的，计算中你须将它们的虚粒子云包括进来，你会发现答案是无穷大！）

这些都是辉煌的成果，是人类和机器经过英雄般努力后获得的。但是，要克服"解"方程的一个最大缺点同样需要英雄般的努力。当 [129] 然，我们不想每次提一个稍微不同的问题，就需要占用昂贵的计算机资源，并且要长时间等待才见答案；但是更重要的是，我们不想提更复杂的问题时，需要占用昂贵的计算机资源，并且等上很长一段时间才见答案。例如，我们希望不仅能预言单个质子和中子的质量，而且能预言由众多质子和中子构成的系统——原子核——的质量。原则上我们现有的方程已能做到这一点，但这样来解决问题是不切实际的。这就像原则上我们已有的方程足以回答任何化学问题，但是还不能让化学家都下岗用计算机来替代，因为这样的计算实在是太困难了。

在核物理和化学这两种情形下，我们乐于牺牲极端精确性来为运用的方便性和灵活性让路。我们不是通过海量运算野蛮地去"解"方程，而是尽量简化模型并寻找能够给我们带来具有应对复杂情形的实际指导意义的经验法则。这些模型和经验法则可以从解方程的经验中提炼出来，并通过解具体方程予以检验。这使我想起研究生和教授的区别：研究生夸夸其谈，其实不知道自己在说什么；教授沉默不语，可心里却如明镜似的。研究生就知道解方程，可教授知道方程是怎么来的。

当解方程所揭示出的行为完全出乎我们意料，似乎不可思议之时，我们只能从我们可以理解的地方入手。电脑通过对夸克和胶子这些本身无质量（或近乎无质量）的对象的计算给出了质量——不是任何意义上的质量，而只是我们的质量，即组成我们自身的质子和中子的质量。就是说，量子色动力学方程可以从无质量的输入得到质量输出。这是怎么发生的？

幸运的是，对这种看似不可思议的结果我们可以有一个粗略的、教授级的理解。

我们只需把我们已分别讨论过的三个概念综合起来。让我们简要130 回顾一下这些概念并将它们综合起来：

第一个概念：发展中的风暴

夸克的色荷产生一种网格扰动 —— 具体地说，是胶子场扰动 —— 这种扰动随距离加大而增长。这就像一个奇异的风暴云，它从中心的一缕云烟发展成一种不祥的雷暴云砧。扰动场意味着将其推向高能态。如果你持续扰动无限容量的场，所需的能量将是无限大。即使是埃克森美孚石油公司也不会声称，自然界有足够的资源付得起账。因此，孤立的夸克不可能存在。

第二个概念：昂贵的抵消

发展着的风暴可以通过让一个带相反色荷的反夸克去接近夸克来迅速遏制。然后，这两个扰动源相互抵消并恢复平静。

如果反夸克不偏不倚地正好位于夸克的正上方，那么抵消将是完全的。这将会使胶子场的扰动最小化 —— 即无。但是，精确抵消还有一个代价必须付出，它源自夸克和反夸克的量子力学性质。

根据海森伯的不确定性原理，要获得准确的粒子位置信息，你必须让粒子具有很宽的动量范围。特别是你必须允许粒子有大的动量。但是大的动量意味着大的能量。所以更准确地说，你要固定粒子的位置（行话叫"局域化"），就必须付出更多的能量。

（也有可能用两个夸克的互补色荷来抵消第三个夸克的色荷。这 [131] 就是重子上发生的情形，包括质子和中子 —— 基于夸克 - 反夸克的介子则不同，但原理是一样的。）

第三个概念：爱因斯坦第二定律

因此，有两种相互竞争的作用，它们向相反方向使劲。为了精确消除对场的干扰，同时尽量减少能量成本，自然界希望反夸克被限制在夸克附近。但是，为了尽量减少位置局域化引起的量子力学代价，自然界又想让反夸克有活动余地。

自然界妥协了。它发现有办法在胶子场不希望受到干扰与夸克和反夸克希望免费漫游之间保持平衡。（你可以把它设想成这就是一次家庭聚会，胶子场是老态龙钟的倔老头，夸克和反夸克则是喧闹顽皮的孩子，而自然界则是管事儿的家长。）

妥协的结果是折中。自然界不可能让双方的能量同时为零。因此总能量不会为零。

其实可以有不同的办法，它们或多或少都是稳定的。每种方式都有其自身的非零能量 E，因此根据爱因斯坦第二定律，每种状态都有各自的质量，$m=E/c^2$。

这就是质量的起源（或者至少是 95％ 的普通物质的质量的起源）。

附注

这样一项顶峰级成就值得做些评论。事实上，它需要附注（Scholium）—— 这个用来表示评注的拉丁词给人的印象更深刻。

1.质量的起源涉及或取决于无质量的夸克和胶子，这不需要多解释。我们真的是从无质量中得到了质量。

2.没有量子力学将一事无成。如果你不考虑量子力学，你不可能理解质量来自何处。换言之，没有量子力学你注定是一个轻量级。

3.类似的机制，虽然简单得多，但在原子内有效。带负电的电子会感受到带正电的原子核的吸引性电场力。从这一点来看，它们正好依偎在核的顶上。电子是波粒子，虽然这种力制约它的活动，但结果却是一系列可能的妥协，由此形成我们观察到的原子能级。

4.爱因斯坦原始论文的标题是个问句，也是个挑战：物体的惯性是否依赖于其所含的能量？

　　如果该物体是人体，其质量绝大多数源自他所拥有的质子和中子，现在这个答案很明确，无可置疑。物体的惯性，有95％的准确把握说，是其所含的能量。

第 11 章
网格的乐章：两个方程一首诗

133   粒子的质量听上去就像演奏时空间振动的频率。无论是从幻想还是从现实的角度说，这首网格乐章都要比古老神秘的"天球音乐"更加动听。

让我们将爱因斯坦第二定律

$$m=E/c^2 \qquad\qquad (1)$$

与另一个基本方程 —— 普朗克 - 爱因斯坦 - 薛定谔公式

$$E=hv \qquad\qquad (2)$$

结合起来。普朗克 - 爱因斯坦 - 薛定谔公式将量子力学态的能量 E 与其波函数振荡频率 v 联系在一起。这里 h 是普朗克常数，是普朗克在他那导向量子论的革命性假说（1899 年）中引入的。这个假说是说，原子只能以能量包 $E=hv$ 的形式发出或吸收频率为 v 的光。爱因斯坦则又前进了一大步，他提出了光子假说（1905 年）：频率为 v 的光总
134   是构成 $E=hv$ 的能量包。最后，薛定谔将它确立为他的波函数基本方

程 —— 薛定谔方程 —— 的基础（1926年）。由此诞生了现代意义上的、普适的解释：能量为 E 的任何态的波函数都是以 $v=E/h$ 在振动。[1]

通过将爱因斯坦第二定律与薛定谔方程相结合，我们得到一首华丽的乐章：

$$v = mc^2/h。 \qquad (*)$$

古人有一个概念叫做"天球音乐"，曾激励过许多科学家（特别是约翰内斯·开普勒）和神秘主义者。这个概念从乐器的周期运动（振动）产生持续的乐音联想到行星在其轨道上的周期运动，认为也一定伴随着一种音乐。虽然听起来绘声绘色，但这一鼓舞人心的多媒体预期却从未成为一个非常精确或富有成果的科学概念。由于它从来没有超出模糊比喻的范畴，因此至今用起来仍需加引号："天球音乐"。

我们的方程（*）是同样灵感的一种更精彩更现实的体现。它不是拨动琴弦，吹奏芦笛或敲锣打鼓，而是通过对夸克、胶子、电子、光子……进行不同组合，并使之各就其位以取得与网格自发活动的平衡来演奏虚空这架乐器。这架纯粹理想化乐器既不是由行星也不是由任何材料构建而成，它是以不同的频率对可能的振动的一种安排，具体情形取决于我们如何演奏，以及用什么来演奏。根据方程（*），这些振动代表着不同质量的粒子。粒子的质量就是这网格的音符。

---

1. 细心的读者将注意到这就是薛定谔第二定律。

第 12 章
深刻的简单性

135 　　我们最好的关于物理世界的理论看上去复杂而困难，因为它们具有的是一种深刻的简单性。

　　爱因斯坦常常引用他的忠告："让一切尽可能简单，但不要过于简单。"在研究了爱因斯坦的广义相对论或他的统计力学涨落理论 —— 他的两个更复杂的杰作 —— 之后，你可能会奇怪他自己是否也重视自己的这个忠告。当然，那些理论的"简单性"不是在通常意义上来理解的。

　　近代物理学家认为，量子色动力学就是一种简单得近乎理想的理论，尽管我们已经看到要用日常生活中的语言来描述量子色动力学会是多么复杂，以及从事（而不是完成）这一理论工作是多么具有挑战性。正如玻尔的深刻真理那样，深刻的简单性包含了与这种简单性相对立的元素 —— 深刻的复杂性。这是一个悖论，但正如我们现在将要探讨的，它的解决却非常简单。

完美性支持复杂性：萨里耶利、约瑟夫二世和莫扎特

从著名的平庸作曲家安东尼奥·萨里耶利（Antonio Salieri, 1750—1825）[1] 那里我知道了完美意味着什么。在我最喜欢的一部电影《莫扎特》的一个场景里，萨里耶利惊讶地睁大了眼睛，盯着莫扎特的手稿说："哪怕是换一个音符，音乐都会减色；换一小节就更是破坏了结构。" [136]

在这里，萨里耶利抓住了完美的精髓。他的这两句话准确定义了我们在许多情况下 —— 包括理论物理学 —— 所谓完美的内涵。你可以说这是一个完美的定义。

一个理论，如果对它的任何改变都只会使它变得更糟，那就表示这一理论已开始步入完美的行列。这是将萨里耶利的第一句话从音乐运用到物理学上。它可以说是一针见血。但是，真正的天才才配得上萨里耶利的第二句话。一个理论真正变得完美是你不可能对它进行明显修正而不使其遭到完全破坏 —— 也就是说，明显改变这个理论将会使它彻底被毁。

在同一部电影里，皇帝约瑟夫二世向莫扎特提了一些音乐上的建议："你的作品新颖独特，是高质量的作品。但就是音符太多，其他都好。如果能去掉一些音符就非常完美了。"国王被莫扎特音乐的表观复杂性弄得有些不舒服。他没有看到，这里的每个音符都服务于一个

1.萨里耶利是否平庸曾引起乐坛激烈的争论。但不管怎么说，他确实因平庸而闻名。

目的 —— 信守或实现一个承诺，完成或变换一段旋律。

同样，人们第一次遇到基础物理学表面上的复杂性时，常常也会被它搞得气馁。太多的胶子！

但是，八色胶子中的每一个都服务于一个目的。那就是它们需要联合起来共同完成色荷之间的完美对称性。拿走一个胶子 —— 或者以任何方式改变其性质 —— 都会使整个大厦倾覆。具体来说，如果你做出这样的改变，那么名为量子色动力学的理论就会开始胡言乱语地预言：一些粒子产生于负的概率，还有些粒子的概率大于1。这样一种不允许进行协调性修正的近乎刚性的理论非常容易受到伤害。如果它的任何一项预言有错，它就没有藏身之地。这里没有任何小聪明或微调可用。另一方面，一个近乎刚性的理论，一旦显示出巨大的成功，确实会变得非常强大。因为如果它可能是正确的而且不容改变，那么它必定是完全正确的！

137　　萨里耶利的判据解释了为什么这种对称性是理论构建中的一条有吸引力的原理。具有对称性的系统均符合萨里耶利的完美性要求。支配不同对象和不同情形的方程之间必然是严格关联的，否则对称性就会减少。破坏力足够大，所有的模式就都不存在了，也就谈不上对称性了。对称性有助于我们完善理论。

因此，问题的关键不在于音符的数量或粒子和方程的数量。它们是完美设计的体现。去掉任何一个都会破坏原设计，数目的多少是由设计决定的。莫扎特对皇帝的回答堪称一流："那您觉得多少最好呢，陛下？"

深刻的简单性：福尔摩斯、牛顿和年轻的麦克斯韦

一种避免完美的有效方式是增加不必要的复杂性。如果存在不必要的复杂性，那么这些复杂性即使误置也不会削弱原有理论，去掉也不会造成破坏。它们还具有分散注意力的作用，正像福尔摩斯和华生医生在下面这个故事里所说的：

福尔摩斯和华生医生出去露营。在星空下扎好帐篷后，他们便钻进去睡觉。半夜里福尔摩斯摇醒了华生，问他："华生，你看这满天繁星！它们在对我们说什么呢？"

"它们教育我们要谦卑。星星数以百万计，即使一个小角落也都有像地球一样的行星，存在智慧生命的星星一定数以百计。有些智慧生命可能比我们更聪明。他们可能会用巨大的望远镜来看地球，觉得它就像他们几千年前那样。他们可能怀疑那上面是否会演化出智能生命。"

而福尔摩斯则说道："华生，这些星星告诉我们，有人偷走了我们的帐篷。"

从荒谬到崇高也就一步之遥。你可能还记得，艾萨克·牛顿爵士曾不满意他的万有引力理论，这个理论的特点是超距作用。但是，[138] 由于这一理论与当时所有的观察结果相一致，加之他无法找到任何具体的改进措施，牛顿只好把哲学上的考虑暂放一边，以朴实的语言陈述了这一理论。他在《原理》的"总释"一章对此作了经典的陈

述：[1]

> 我还没能从现象中发现引力之所以具有这些属性的原
> 因，而且我不杜撰假说；因为凡不是从现象中导出的任何
> 说法都可以称为假说。而假说，无论是形而上学的还是物
> 理学的，无论是具有神秘性质的还是机械性质的，在实验
> 哲学上都没有位置。

这里的关键词"我不杜撰假说"在原来的拉丁语里是"Hypothesis non fingo"。据传恩斯特·马赫在他具有深远影响的《力学史评》一书中就在牛顿肖像下面写上了这句话"Hypothesis non fingo"。它非常著名，在维基百科条目中都查得到。这意味着，简单地说，牛顿极力避免将他的万有引力理论置于没有观察基础的思辨性推测之上。（但从他的私人文件可以看出，牛顿曾煞费苦心地试图找出空间充满介质的证据。）

当然，避免不必要的复杂性的最简单的办法是什么也不说。为了避免这种陷阱，我们需要一位年轻人麦克斯韦。据早期传记作者的记载，在他还是个小男孩的时候，麦克斯韦就总是操着"（苏格兰）加勒维京口音和俗语"问："那是怎么回事？"如果得不到满意的答案，就接着问："具体说说是怎么回事嘛？"

换句话说，我们必须积极进取，必须不断提出新问题，并力争给

1.似曾相识是吧，我在第8章引用过这段话。

出具体的定量的答案。虽然"科学革命"一词被用得过滥，已经贬值，但怀有建立精确的数学世界模型的雄心，并确信一定能够成功的这一情形的出现，则是具有决定意义的、取之不尽用之不竭的科学革命。

一方面要求尽量减少假设，一方面又要求提供众多问题的具体答[139]案，这两者之间存在一种富于创造性的摩擦。深刻的简单性在输入端显得吝啬，在输出端则非常慷慨。

压缩，解压缩，和（不）可控性

数据压缩是通信和信息技术领域的一个中心问题。我认为它在简单性对于科学的意义和重要性方面给我们提供了一种新的和重要的观点。

我们在传递信息时，总希望最大限度地利用好现有的带宽。于是我们打包邮件，删除多余的或不重要的信息。对于iPod播放器和数码相机用户来说，像MP3和JPEG这样的缩略语是再熟悉不过了。MP3是一种音频压缩格式，JPEG是一种图像压缩格式。当然，处在另一端的接收者必须拿到打了包的数据，然后解压它以便重现完整的有用信息。当我们要存储信息时，也会出现类似的问题。我们希望将数据记录压缩，但随时可以打开。

从更大的角度来看，人类在理解世界这一问题上面临的许多挑战都涉及数据压缩问题。外部世界的信息潮水般冲击着我们的感官。我们必须将它调整到我们的大脑可运用的带宽。我们经历的太多，根本不可能准确记住所有东西——所谓的"照相般记忆"是罕见的，而且也是有限的。我们构建工作模型和经验法则，使我们能够运用小的世界模型来充分了解大千世界。我们可以将"老虎来了！"的几吉字节（gigabytes）的光学信息加上虎啸声的几兆字节音频信息，甚至 —— 这意味着有麻烦了 —— 还有几千字节的老虎气味和它搅起的风声等数据压缩成一段小小的信息。（在专家看来，就是23字节的ASCII码。）大量的信息已被抑制 —— 但我们可以从中展现出一些非常有用 140 的结果。

　　构建物理学的深刻简单性理论就像是一场数据压缩的奥林匹亚山诸神的竞赛[1]。目标是找出尽可能短的信息 —— 理想情况下，就是一个单一的方程 —— 一经展开，就能给出一个详细、准确的物理世界模型。就像所有的奥林匹亚山诸神间的竞赛，这项竞赛也有规则。其中最重要的两条是：

- *风格特点将被除去以造成含糊。*
- *产生错误预言的理论将直接被罚下场。*

　　一旦你了解了这个游戏的性质，它的一些奇怪的特征也就不那么神秘了。特别是：就数据压缩这个最终目的而言，我们必然会遇到棘手而难以阅读的代码。例如考虑这么一个句子"Take this sentence in English.（用英文记下这句话。）"我们除去其中的元音使它变短：

　　Tk ths sntnc n nglsh.

---

1. 这当然不会出现在现代奥林匹克运动会上，因此不属于奥林匹克项目。但它就像一项值得古希腊男神和女神们追逐的挑战，所以说是奥林匹亚山诸神的竞赛。

这很难懂，但它要表达的意思并没有什么真正的歧义。根据游戏规则，这是向正确方向迈出的一步。我们还可以走得更远 —— 去掉单词间空格：

　　　　Tkthssntncnnglsh.

这就开始有更多的疑问了。因为它可能被误解为

　　　　Took those easy not nice nine ogles, he.（从容面对不善的9
　　次媚眼，他。）

　　当然，英语是如此奇特，这种代码可以失去大量风格特点以造就[141]含糊。我们很难确定究竟怎样才算是一个合理的句子。在深刻简单性的游戏中，我们必须用明确界定的数学程序来进行解压缩工作。但就像这个简单例子所表明的，我们必然会认为短的代码将比原初信息更缺乏透明性，因此这种解码工作需要聪明智慧和辛勤努力。

　　经过几百年的发展，最短的代码可能已变得相当不透明。要掌握如何使用它们并努力读出任何具体信息，可能需要经过数年的训练。现在你该理解为什么近代物理学会是你看到的这个样子！

　　其实，还有更为糟糕的。现已清楚，像寻求压缩任意数据集的最佳方式这样的一般性问题是无法解决的。其原因与哥德尔著名的不完备性定理密切相关。图灵已经证明，要确定一个程序是否会使计算机进入死循环这样的问题是无法解决的。事实上，寻求数据压缩的最终

途径直接将你带入图灵问题：你不能确定你最新设计的用来构造短代码的精彩程序是否会导致解码器进入死循环。

但自然界的数据集似乎远不是任意的。我们已经能够用很短的代码来充分地、准确地描述大部分实在。不仅如此，在过去几年里，随着我们将代码编得更短更抽象，我们发现，展开新代码将提供新的信息，这就相当于实在存在新的面貌。

当牛顿将开普勒的行星运动三定律编码到他的万有引力定律里之后，对潮汐、岁差和行星的其他各种倾斜和摆动的解释变得迎刃而解。1846 年，在牛顿的万有引力理论历经近两个世纪的一次次胜利之后，天王星的实际观测位置与牛顿理论预期轨道位置之间的微小不符变得格外刺眼。于尔班·勒维耶（Urbain Le Verrier，1811—1877）发现，他可以假设存在一个新的行星来解释这些不一致性。观察者将望远镜对准了他所建议的方向，海王星被发现了！（我们会看到，今天的暗物质问题就是这个故事的一种不可思议的回响。）

142　　深刻简单性方程被压缩得越厉害，解压缩它们的计算就越复杂，而与现实世界相匹配的输出就越丰富。我认为，这正是对爱因斯坦说的"上帝不可琢磨，但他没有恶意"这句话的最切实的解释。在追求进一步统一的征途上，我们的运气还将会继续下去。

存在之轻

在天文学里，引力是最重要的力。但从根本上说，基本粒子之间的引力作用比起静电力或强作用力来则小得出奇。这个差异对试图将所有的力置于同一基础的统一理论的理想构成了巨大挑战。我们对质量起源的新的理解为此提供了一种答案。

2
引力之微弱

第 13 章
引力微弱吗？是的，感觉是这样

如果公平比较作用在基本粒子上的力，引力要比其他的基本力小 [145]
很多。

如果你挣扎着将身躯从床上抬起，或经过一天漫长的劳累，捧着
本好书坐在安乐椅上，你可能很难认为引力是微弱的这个事实。然而，
用基本力的水平来衡量，它确实微弱得可怜。

以下是一些比较。

原子是由静电力来维持的。带正电荷的原子核和带负电荷的电
子之间存在静电吸引力。让我们想象一下，我们可以去掉静电力，这
样两者间仍会有引力。引力可以将原子核和电子束缚得多紧呢？一个
由引力约束的原子会有多大？大如跳蚤？否。如老鼠？否。如摩天大
楼？否，继续想象。地球？差得远了。由引力束缚的原子大小要比可见
宇宙的半径大上100倍。

太阳引起的光线弯曲是一种著名的引力效应。1919年由英国探
险队对其进行的观测是广义相对论的一个重大胜利，并确立了爱因斯

坦作为一个世界伟人的地位。整个太阳能使经过其附近的光子的路径偏折1.75分弧度，即约1°的3%。作为比较，现在我们来看看作用在[146]胶子上的强力有多大。在质子半径的范围内，几个夸克可以使胶子的直线路径偏折得严重到完全折回，并待在质子内。

我们也可以直接进行数值比较。由于静电力和引力的下降均遵从相同的距离关系（即反平方律），因此在任何距离上我们得到的是同样的比值关系。让我们比较质子和电子之间的静电力与引力之比。静电力要强上10000000000000000000000000000000000000000倍。按科学记数法，就是10^{40}倍。（你看，为什么科学家喜欢科学记数法）"胡扯！"有评论家挑剌道，"质子是复杂的客体。你应该比较基本组分之间的力。"好，聪明的家伙——但这只会使情况变得更糟！如果我们比较电子之间的力，我们得到的是一个更大的数字——约10^{43}倍——因为电子的质量远小于质子质量，但它们的电荷则是相同的。

当你从床上起来，你是用昨晚晚餐转化来的一小部分化学能量来克服整个地球对你的引力。试图燃烧卡路里来对抗引力（举重、做健美操）的任何人都可以证明，引力不是对手——稍许一些热量就远胜之。

但在天文学上引力可是主导力量，只是大家认为这是不言自明的。其他相互作用更强大，但它们的特点是既有吸引力又有排斥力。物质通常能在两者间达到精确的平衡，使力抵消。静电力的暂时不平衡（尽管很小）会导致闪电暴雨；强力之间的小的暂时不平衡则会诱发核爆炸。平衡的大破坏不可能持久。但是引力总是吸引性的。虽然在单个基本粒子的水平上显得微弱，但引力具有不可抗拒的加和性。温顺揽得全宇宙。

第 14 章
引力微弱吗？不，理论如是说

148　　　引力是一种与时空基本结构紧密关联的普适的力。应当把它看作是基本力。就是说，我们应该用引力来度量其他东西，而不是用其他东西来度量引力。因此，在绝对意义上说，引力不是微弱的 —— 它原本就是这样。事实上，引力显得微弱一直让理论感到困惑。它还是统一道路上的一个主要障碍。

爱因斯坦的引力理论 —— 广义相对论 —— 将时空结构与引力的存在性联系起来。根据这一理论，我们看到的引力的效果不过是使物体沿弯曲时空做直线运动。物体也会造成时空弯曲。曲率物体B造成的曲率会影响到物体A的运动，产生的这种效果用牛顿力学语言来表示，就是所谓的"引力"。[1]

爱因斯坦引力图像的一个影响深远的结果是力的普适性。尽管直线通过弯曲时空的任何物体都会像其他物体一样遵循同样的路径。最捷路径是由弯曲时空决定的，而不是由物体的任何具体性质决定的。

1.更准确地说，牛顿理论近似描述广义相对论的结果。当物体的运动速度与光速相比较慢，且物体质量不是很大或质量密度不是很高时，牛顿理论是有效的。

事实上，导致爱因斯坦提出他的理论的重要因素正是观察到的 [149]引力的这种普适性。在牛顿对引力的解释中，普适性是一个无法解释的巧合（或毋宁说对每个物体都是无限多巧合的同现）。一方面，物体感受到的引力正比于其质量；另一方面，加速物体感受到与给定作用力相应的加速度反比于其质量。（这是牛顿运动第二定律。牛顿原初的运动第二定律是 $F = ma$，即 $a = F/m$）将这两者合在一起，我们发现，物体的引力加速度——物体运动的实际扰动——完全与其质量无关！

这就是观察到的结果：物体的运动与其质量无关。所观察到的这种行为是普适的：所有物体在引力作用下都以同样的方式加速。但是牛顿理论不能给出为什么会发生这种情形的原因。这些事情的另一个方面是它在实践上而不是在理论上有效。作用在物体上的引力大小不必与物体的质量成正比。我们当然知道，有些力，像电动力，就不与其质量成正比。

在爱因斯坦的理论里，引力的这种"巧合"得到了解释，或毋宁说得到了超越：我们不必分开来谈力和对力的反应，这种反应以相反的方式取决于质量。物体必然尽可能直线通过弯曲时空。这正是深刻的简单性的体现。

普适性和统一性

当我们寻求一种包括所有自然力的统一理论时，引力的普适性与其（明显）微弱性的这种结合带来了极大的困难。以下是一些选择：

● 引力可能是来自其他的基本力。由于其作用很小（弱），因此引力也许是一种副产品，一种相反电荷或色荷或其他更古怪东西抵消后的剩余作用。但它为什么是普适的呢？其他力肯定不是普适的：夸克感受到强力而电子感觉不到；电子和夸克能感受到电磁力而光子或色胶子感受不到。很难想象存在这样一种简单的普适的力，它对所有产生于这种不平衡成分的粒子有同样的结果。

● 其他力可能来自于引力。这很容易想象，非普适力可能源自一个普适的力。对于能量集中于某个空间小区域的情形普适方程可能有几种不同的解，一会儿我们就来解释这些具有不同性质的粒子解。（显然，爱因斯坦本人也希望沿着这一思路建立其理论。）但我们很难看出一个极其微弱的力如何能分拆出大得多的力。

● 所有的力可能具有同样的基础，是一个整体不同方面的表现（也许和对称性有关），就像骰子的不同的面。但同样，我们很难将这个想法与引力比其他力弱得多的事实协调起来。

转一圈回来：坚信存在统一的可能性使得我们得出结论：我们不能接受引力确实是微弱的事实，即使它看来是这种样子。外在表现——或者更确切地说，我们对其的解释——必定是一种欺骗性。

第 15 章
正确的问题

理论上说，引力不应当是微弱的，尽管在实践上它看上去如此。[151] 这一矛盾的核心是，引力肯定只是在我们面前表现得微弱。如何揭穿这一假象呢？

我们通过引力对物质的作用来度量它。我们观察到的引力大小与我们观察到的物体质量成正比。这些物体的质量主要由组成它们的质子和中子的质量确定。

所以，如果引力表现得微弱 —— 正如我们看到的那样 —— 我们既可以从引力自身来找原因，也可以将质子（和中子）被低估视作原因。

高级理论表明，我们应当把引力视为根本。从这个角度看，引力就是这样 —— 它不能用更简单的事情来解释。因此，如果我们要调和理论与实践的矛盾，我们必须回答的问题是：

为什么质子这样轻？

　　正确地提出问题往往是走向理解的关键一步。好的问题是我们能对付的问题。由于我们已经发展了对质子质量的深刻认识，因此我们准备回答"为什么质子这样轻"的问题。

第 16 章
完美的答案

为什么质子这么轻？由于我们了解质子质量的起源，因此可以给[152]出一个完美的答案。这个答案消除了力的统一理论的主要障碍，并激励我们去寻求这样一种理论。

让我们简要回顾一下质子是如何获得质量的，并着眼于这一过程中使质量变小的那些事情。（第9章对此有概述。）

质子质量的产生是两种互相对立作用之间妥协的结果。夸克携带的色荷扰动其周围的胶子场。这种扰动开始时很小，但离夸克越近的地方扰动就越强。对胶子场的这些扰动需要消耗能量。稳态就是这样一些具有最小能量的态，因此我们必须抵消这些消耗性的扰动。夸克色荷的这种扰动效应可以通过携带相反荷的反夸克来抵消，或 —— 质子情形正是这样 —— 通过两个额外的具有互补色的夸克来抵消。如果用来抵消的夸克正位于原夸克的顶上，则扰动被完全抵消。显然，这将导致具有最低可能能量（为零）的（零）干扰。

但是量子力学设定的耗能方式与此不同，它是一种妥协。量子力学认为，夸克 —— 或任何其他粒子 —— 不存在一个确定的位置。它

153　的可能位置是弥散的，需用波函数来描述。我们有时称其为"波子（wavicles）"而不是粒子，就是要强调量子理论的这一基本特征。要将波夸克（waviquark）约束在一个弥散度很小的空间位置上，就必须让它有大的能量。用行话来说就是：局域化夸克需要耗能。对于我们在上一段里考虑的完全抵消夸克的情形，则要求用来抵消的夸克具有与原夸克相同的位置。但这是行不通的，因为它的局域能量消耗是禁戒的。

因此，必须有一个折中的办法。在这个妥协方案里，对胶子场的不能完全抵消的扰动会带来一定程度的能量剩余，夸克的不完全的非局域位置也会残留一些能量。根据爱因斯坦的第二定律 $m=E/c^2$，质子质量就产生于这些能量的总和 E。

在这个解释里，最新颖也最诡异的要素是胶子场扰动随距离增长的方式。它与渐近自由概念密切相关，这一概念的发现使得3个幸运的人荣获了最近的诺贝尔奖。正如我在前面所述，渐近自由是虚粒子的一种微妙的反馈作用。它可以被认为是一种"真空极化"形式，其中我们称之为虚空——网格——的实体反屏蔽所加的荷。网格反击，失控的网格，网格狂野——它具有一个有思想的人的恐怖电影的一切元素。

但现实没那么激烈。反屏蔽是逐渐积累的，尤其是在一开始的时候。如果种荷（色荷）很小，那么它对网格的影响开始时也很小。借助反屏蔽，网格本身建立起有效的荷，这样下一步的建设就会稍快一点，依此类推，最终，扰动越来越大，并构成威胁，因此必须予以抵消。但是这种抵消可能需要相当长的时间 —— 也就是说，你得在此事发生前远离种夸克的地方就采取措施。

如果扰动是缓慢建立起来的，那么使起抵消作用的夸克局域化的压强相应也是温和的。

我们不必定位得非常精确。因此，参与扰动和局域化的能量都是小的 —— 因此质子的质量也很小。

154

这就是为什么质子都这么轻！

我刚刚讲述的就是所谓的摆手解释。你不会看到，其实在我输入这句话时我一直在手绘云彩来打断自己，这是我的意大利血统使然。费恩曼因他的摆手论证而著名。一次他曾用这种论证向泡利解释他的超流氦理论，顽固的批评家泡利不相信。费恩曼就这样一直在说服他，泡利就是不认可，直到费恩曼动怒了，问："难道你认为我说的东西都是错的？"泡利回答说："我认为你说的东西甚至谈不上是错。"

为了解释事情可能是错的，我们必须论证得更具体。当我们说质子很轻时 —— 那光又有多轻？我们能够真正解释得清楚引力有多轻吗 —— 你还记得这涉及多小的数吗？

毕达哥拉斯的见解，普朗克单位

假设你在仙女座星系有一个可以通过信件联系的朋友。你会如何

传递你的人体指标 —— 你的身高、体重和年龄？这位朋友没有机会
了解地球上的量尺、衡器或时钟，因此你不能只说："我有多少厘米高，
有多少英镑重，多大年龄。"你需要一种普适的度量。

1899—1900年，马克斯·普朗克经过大量研究开创了量子理论。
这一研究在1900年12月达到高潮，当时他引入了著名的常数 h ——
普朗克常数 —— 就是我们今天使用的出现在量子力学基本方程里的
那个常数。其实在此之前，他在柏林普鲁士科学院所做的一篇演说
里本质上已经提出了这个常数问题。（虽然他没有以文字的方式陈述
它。）他将它看成是对绝对单位制的挑战。激励普朗克从事这项研究
的动力与他可能揭开原子秘密、颠覆经典理论或撼动物理学基础都没
关系，所有这一切都是更晚时期他人的贡献。激励普朗克的是，他看
到了一种解决绝对单位制问题的途径。

绝对单位制问题听起来很学术，但它却与哲学家、神秘主义者和
具有哲学思想的科学神秘主义的心灵相近。20世纪（和21世纪）的
后经典物理学宣言早在普朗克之前很久，即大约公元前600年萨摩斯
的毕达哥拉斯那里就已经宣布。通过研究琴弦发出的乐音，毕达哥拉
斯发现，人类对和声的认知与数值比有关。他考察了由同种材料制成
的、具有相同厚度相同张力但长度不同的弦发出的乐音。发现在这些
条件下，当弦长比为小的整数比时，乐音是精确的和声。例如，弦长
比为2：1时，乐音是八度音；3：2时是五度音；4：3时是四度音。格
言"万物皆数也"概括了他的见解。

时间久远，我们很难确定毕达哥拉斯的初衷是什么。部分想法可

能采取了原子论的形式，在此基础上，你可以从数构筑世界体系。今
天使用的术语诸如数字的"平方"和"立方"等就由此而来。我们对
"实在源自比特"的建构大大丰富了"重要的是数"这句信条的内涵。
不论怎么说，如果我们从本义上把握它，毕达哥拉斯的箴言肯定还会
走得更远。像"3"这样的抽象数字没有长度、质量或时间间隔。数据
本身不可能提供物理的计量单位：它们不可能被制作成尺子、衡器或
时钟。

　　普朗克的绝对单位制问题瞄准的正是这个问题。在数字化时代，
我们习惯于将文字短讯等信息编码成一个数字列（实际上就是1和0 156
的数列）。因此普朗克实际上问的是：如果不要求构建用来至少描述
物体有物理意义的每一个方面，换句话说，即"所有东西"，仅用数够
吗？具体来说，我们仅用数就能度量长度、质量和时间吗？

　　普朗克指出，虽然仙女座星系上的人没有机会获得我们的尺子、
衡器或时钟，但他们有机会获得我们的物理定律，这些定律对他们是
一样的。特别是他们可以度量三个普适常数：

　　c：光速。

　　G：牛顿引力常数。在牛顿理论里，它是对引力的一种衡量。准
确地说，在牛顿的万有引力定律中，相距为r质量分别为m_1、m_2的两
个物体之间的引力为Gm_1m_2/r^2。

　　h：普朗克常数。

（其实普朗克用的是另一种与现代所用的 h 略有不同的量，h 当时还没有发明出来。）

对这三个常数取不同的幂和比值，我们就可以得到长度、质量和时间等单位。它们被称为普朗克单位，罗列如下：

L_P：普朗克长度。代数上等于 $\sqrt{\dfrac{hG}{c^3}}$，数值上为 1.6×10^{-33}cm。

M_P：普朗克质量。代数上等于 $\sqrt{\dfrac{hc}{G}}$，数值上为 2.2×10^{-5}g。

T_P：普朗克时间。代数上等于 $\sqrt{\dfrac{hG}{c^5}}$，数值上为 5.4×10^{-44}s。

显然，普朗克单位对于日常使用不是很方便。长度和时间单位都极其微小，甚至对亚原子物理学都不方便。例如，普朗克长度只有质子大小的 100 000 000 000 000 000 000 分之 1（10^{-20}）倍。普朗克质量为 22 μg，也完全不合实用。例如，维生素胶囊往往就是以 μg 来衡量的。因此你或许可以去健康食品商店寻找以普朗克质量为单位的维生素 B_{12}。但是对于基础物理学，普朗克质量显得太大：它大致是质子质量的 10 000 000 000 000 000 000（10^{19}）倍。

尽管它们不切实际，但普朗克引为自豪的是，他的单位是基于出现在普适物理定律中的那些量。在他的单位下，这些量都是绝对的 1。你可以用它们来解决向你在仙女座朋友发送你的身体特征量信息这样紧迫的问题。你只需将你的高度、质量和时间间隔（即年龄）乘上适当的普朗克单位即可。

在20世纪，随着物理学的发展，普朗克单位变得比以往任何时候都更加重要。物理学家已经认识到，在形成深刻物理概念的关键过程中，c, G 和 h 中的每一个量都扮演着转换因子的角色：

● 狭义相对论假设混合空间和时间满足对称运算（洛伦兹变换）。但空间和时间是按不同单位来计量的，因此要使这个概念有意义，在它们之间就必然有一个转换因子，c 承担了这一工作。用 c 乘以时间，我们就获得了长度。

● 量子理论假设波长和动量、频率和能量之间成反比关系，并将其作为波粒二象性的特征；但这些组对的物理量是在不同单位下测得的，因此必须引入 h 这个转换因子。

● 广义相对论假定能量动量密度会导致时空曲率，但曲率和能量密度是按不同单位来计量的，这时 G 就成了必需的转换因子。

在这些概念里，c, G 和 h 获得了一种崇高的地位。是它们促成了深刻的物理学原理，没有它们这些原理就毫无意义。

统一记分卡

158

借助于普朗克单位，我们可以评估在解释引力微弱性问题上我们对质子质量起源的认识有多深刻，以及它是否移除了将看上去微弱的引力统一起来的障碍。

如果我们能形成一个统一的理论，其中狭义相对论、量子力学和广义相对论构成主体，那么我们就必定会发现，自然出现的最基本的物理学基本法则一定是用普朗克单位来表示的。它们中不会出现甚大或甚小的数。

引力显得微弱这一麻烦的根源是，在普朗克单位下质子质量非常小。但是我们认识到，质子质量并不是最基本物理定律的直接反映，而是胶子场能量和夸克局域能量之间妥协的结果。质子质量 —— 使这一过程得以进行的现象 —— 背后的基本物理是种荷。种荷的力决定了胶子场能量增长变成威胁的速度有多快，因此也就决定了夸克必须采取多大的量子局域能量来抵消它，由此根据爱因斯坦的第二定律得到质子质量最后的值。

是否有可能存在这样一种情形：合理的种荷决定了质子质量的非常小的 —— 在普朗克单位下 —— 实际值？当然，要回答这个问题，我们必须明确我们所认为的种荷的合理值是多大。

159　　根据普朗克的看法，种荷合理的条件是它导致的使夸克之间分离一个普朗克长度单位的力既不小，也不太大（均以普朗克单位衡量）。当然他会这么认为。这里的关键不在于普朗克权威的影响力，而是普朗克单位所体现出的理想：狭义相对论、量子力学和引力（广义相对论）可以与其他相互作用统一起来的理想。反过来说我们是否可以认为，如果假定这一理想成立，我们就能得到对质子为什么这么轻从而引力为什么这么微弱的协调一致的理解？

最后，这一切归结为一个非常具体的数值问题：两个分离普朗克长度的夸克之间的力的大小能用普朗克单位表示或近似用它来表示吗？

要回答这个问题，我们必须将物理定律外推到比能进行实验测量的尺度更小的尺度上。普朗克长度非常小。许多定律或结论在此尺度下可能不正确。但是，有耶稣会信条"请求宽恕比请求许可更值得保佑"的鼓励，我们不妨做做看。

所需的计算按现代理论物理的标准来看其实很简单。我们已经讨论了所有必要的概念。在此不能以代数形式给出真让人心痛，好在我是一个仁慈的人，加上我的出版商反对我这样做，所以在此我就仅将结果罗列如下：

我们发现，分离距离为普朗克尺度的夸克之间的种子强作用力，以普朗克单位来衡量，约为 1/25。这比起我们曾认为的 1/10 000 000 000 000 000 000 000 000 000 000 000 000 000 的误差是一个相当大的改进！

这样，我们就从新的尚未坚实的基础物理学出发解释了引力（表观）微弱的原因。我们已经克服了通向力的统一理论的一个主要障碍。

下一步骤

我希望你会同意，这是一个动听的故事，前后并无矛盾。但宣称"使命已完成"还缺少依据。 160

　　但要在此狭隘的基础上得出大的结论不免令人气馁。这就像在一个点上建立一个保持平衡的倒金字塔。要使结论经得起检验，我们需要一个更广泛的基础。

　　表明你已经扫清障碍的方式与结束征程的方式一样令人信服。统一的道路已出现在我们面前。让我们沿此道路继续下去。

　　我们已经为引力的微弱性找到了一个合乎逻辑的和完美的解释。但是，它是真的吗？为了树立起其真理性和多产性——或否定的一面——我们需要嵌入更广泛的一系列概念，并导出可检验的结果。

　　自然界似乎在暗示，一个基本力的统一理论是可能的。在这一框架内，我们对引力微弱性的解释是非常令人满意的。但是，为了使这种统一性能够在细节上尽善尽美，我们必须假定存在一个新的粒子的世界。某些粒子应该在位于日内瓦附近的LHC（大型强子对撞机）加速器中被观察到。有些粒子也许还以暗物质形式普遍存在于宇宙中。

3
美的真理性

第 17 章
统一性：塞壬之歌

已知的粒子和相互作用呈现出零碎的模式。一个基于同样原理但 [163] 具有更大对称性的扩充了的理论使它们结合成整体。

我们看到，遵循一些业已确立的物理学定律，我们做到了对物理学经典问题之一 —— 为什么引力如此微弱？ —— 给予深刻解释。

不幸的是，为了得到答案，我们必须将那些既定的物理学定律运用到距离远小于我们希望可以直接进行检验的尺度上。或者说[1]，我们必须将那些既定的物理学定律运用到能量远远大于我们希望可以直接进行检验的水平上 —— 即能量"许多个数十亿"（10^{15}）倍于现已建成的最新、最强大的10亿级欧洲加速器LHC的能量水平上。因此，我们的解释至今仍建立在坚实的基础 —— 一种无法检验的基础之上！

我们没有必要对这种状况感到悲观。我们可以寻找其他途径来实现统一的、超短距离超高能量上的物理学。直接路径是行不通的。作

1.之前我们已经讨论了超短距离和超大能量之间的密切联系。见书后的附注和某些额外的评论。

为一个实际问题，我们不可能在所需的能量下加速粒子并使它们碰撞粉碎并融合。然而，我们可以寻找统一的其他迹象 —— 我们能够事实上获得的但尚不能解释的模式。

164　　这种模式就在那里。请参看图17.1和图17.2。

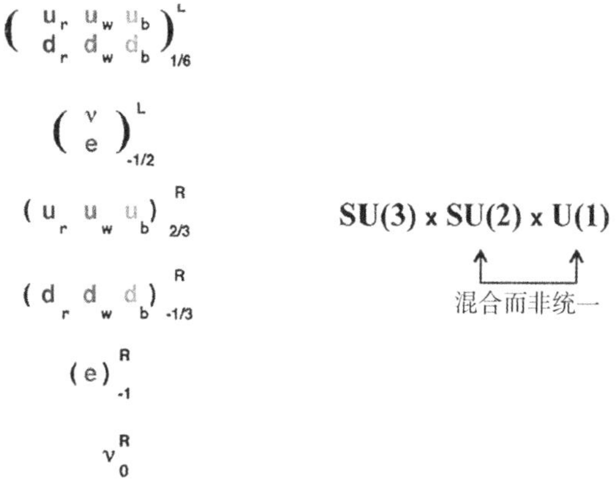

$$\begin{pmatrix} u_r & u_w & u_b \\ d_r & d_w & d_b \end{pmatrix}^L_{1/6}$$

$$\begin{pmatrix} v \\ e \end{pmatrix}^L_{-1/2}$$

$$(u_r \quad u_w \quad u_b)^R_{2/3}$$

$$(d_r \quad d_w \quad d_b)^R_{-1/3}$$

$$(e)^R_{-1}$$

$$v^R_0$$

SU(3) x SU(2) x U(1)

混合而非统一

图17.1　核心理论下的粒子组织和相互作用。我们看到，夸克和轻子被分为6个不同的组，相互作用则被分为3种不同的类型

　　图17.1给出的粒子组织正如同我们找到它们时那样 —— 即所谓的标准模型（包括量子色动力学）。"标准模型"是对人类取得的这一最伟大成就之一所取的一个极为朴实的名字。标准模型用非常紧凑的形式概述了我们已知的几乎所有的物理学基本定律。[1]核物理、化学、材料科学和电子工程等领域的所有现象都概括在那里面。与费恩曼的$U=0$的诙谐讨论或古典哲学的口头体操不同，这个模型具有确

—————————————————

1.一会儿我会给出例外情形。

定的算法，展开各种符号即变成物理世界的模型。它允许你做出令人吃惊的预言和设计，例如，你可以借此设计出各种稀奇古怪的激光器、核反应堆或可靠的超快超小型电脑记忆芯片。我们不必太谦虚，后文中我将把标准模型称为核心理论。

对核心理论的范围、能力、精度和业已证实的准确性怎么说都不 [165]为过。因此我不会再做尝试。核心理论近乎是自然界的最后裁决。它将在很长一段时间里 —— 很可能是永远 —— 为我们提供对物质世界基本描述的核心内容。

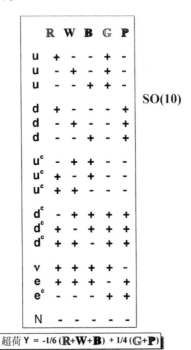

图17.2 统一理论下的粒子组织、相互作用以及更多的情形。我们看到，夸克和轻子统一成一个整体，相互作用也是如此

　　图17.2给出了统一理论下相同粒子及其性质。目前还远远谈不上（建立起来的）核心理论可归纳到（假说型）统一理论里。如果核心模式下出现不均衡分布或由此导出的有趣数字多有不同，那它就不会有效。你将无法统一它们（至少不那么整齐）。换句话说：通过统一性假设，我们可以解释这些不均衡分布和有趣的数字。

166

　　自然界正唱着诱人的歌。让我们靠近点倾听……

核心理论：选择比特

　　在前面几章，我们讨论了关于强相互作用及其理论 —— 量子色动力学，或称QCD —— 的很多内容。电和磁的现代量子理论 —— 量子电动力学，或称QED —— 既是QCD的父亲又是其襁褓中的弟弟。说是其父亲，是因为量子电动力学出现得较早并为QCD的成长提供了许多概念；说是其弟弟，是因为量子电动力学方程只算是量子色动力学方程的一个较简单、并非完美无缺的版本。关于量子电动力学我们也已经讨论了很多。

　　从自然界的一般过程看，强相互作用的主要作用是用夸克和胶子来建立质子和中子。这一过程几乎中和了色荷，而剩余的不平衡则形成使质子和中子结合在一起构成原子核的残余的力。电磁相互作用使电子结合到原子核，生产出原子。这一过程几乎中和了电荷，而剩余的不平衡则形成使原子结合成分子以及分子结合成各种材料的残余的力。量子电动力学还描述了光及其所有的电磁辐射表兄弟 —— 射频波、微波、红外线、紫外线、X射线和γ射线。

核心理论的第三个重要角色是弱相互作用。它在自然界的作用尽管更弱，但同样至关重要。弱作用好比炼金术。更确切地说，它既对夸克的不同的味进行互变，也对不同类型的轻子进行互变。在图17.1中，弱作用实施的是垂直方向上的变换。（强作用实施的是水平方向的变换。）当你将质子中的一个u夸克变成一个d夸克，于是质子就变 ^167 成了中子。弱作用带来的这种变化将一种元素的原子核转换成另一种元素的原子核。基于弱作用"炼金术"（更确切的名字叫核化学）的这种反应可以释放出比普通化学反应更为巨大的能量。恒星就是靠这种系统地将质子变成中子过程所释放出的能量来维持的。

在进入更详细地讨论核心理论的核心 —— 强作用、电磁作用和弱作用 —— 之前，我要（暂时！）离开点评一下另外两个大的对象：引力和中微子质量。

● 正如我们已经讨论过的，引力的表观微弱性可能比引力本身更值得我们关注。而且我们在后面几章会看到，自然界鼓励我们将引力作为一个平等的伙伴与其他相互作用一起包括到统一理论里。

在实践中，将引力相互作用包括到核心理论中去不存在任何困难。用一种独特的、直截了当的方式即可做到这一点，而且有效。（对专家：用爱因斯坦-希尔伯特作用度规场，最小耦合物质场，并量子化周围空间。）天文物理学家每天都在运用广义相对论与核心理论剩下的这部分相结合的结果，而且在日常工作中屡试不爽。人人都在使用的全球定位系统也是运用这一原理工作的。

　　总之，通常将引力从核心理论中分离出来是出于方便起见，但可能显得肤浅。

　　● 中微子具有非零质量确立于1998年，尽管其预言可以追溯到20世纪60年代。中微子质量的值非常小。三种类型中微子中最重的也不超过我们知道的下一代最轻粒子——电子——质量的百万分之一。中微子向来以难以捉摸和隐秘而著称。每秒钟通过每个人体的中微子大约有50万亿个，而我们却从未感觉过。约翰·厄普代克写过一首关于中微子的诗，他在诗的开始写道：

168

　　中微子非常小。

　　它们不管事，也没有质量

　　而且完全不作为。

　　对它们来说，地球只是一个傻傻的球

　　它们随意可穿行。

　　不管怎么说，经过英勇卓绝的努力，实验上已经能够非常深入地研究中微子的性质了。[1]

　　核心理论对中微子零质量这一点是满意的，它非常自然地切合于理论结构。至于中微子的非零质量，我们必须通过增加具有奇异特性的新粒子来处理，但关于这种新粒子目前还没有其他方面的动机或证据。当我们扩展核心理论来构建统一理论时，事情会发生翻天覆地

---

1. 全书都写到了中微子及其性质。(它们确有相互作用，只是非常非常罕见。) 由于这个课题过于专业，有点偏离我们的主题，因此我谈得非常简洁。较为详细的讨论及其进一步的参考资料，见书末本章下的附注。

的变化。随后我们会看清楚这些新粒子原来是我们已知粒子家族的成员 —— 游子回家，阖家团圆。它们的奇异行为不过是在遥远、浪漫之地历险的一种回光返照。

还有两种复杂性有必要在此提及。虽然对它们进行讨论会偏离主题，但完全不提也不合适。请不要被这些表面的复杂性所吓倒或装作视而不见：我们承认它们的存在，但不会让它们扰乱我们的观点。

第一种复杂性是规范玻色子的质量和混合。在基本方程里，有3个规范场的群，8个你已经熟悉了的色胶子场。另外3个与弱相互作用对称性有关。它们被称为 W^+，W^- 和 W^0，它们都是彼此对称的。最后，还有一个孤立"超荷"规范玻色子 B^0。网格超导性为由 W^+ 和 W^- 生成的粒子以及由 W^0 与 B^0 特定混合的粒子赋予了非零质量。混合带来的扰动生产大质量粒子，即 Z 玻色子。W^0 和 B^0 的另一组合的扰动（对专家：正交组合）仍是无质量的。这种无质量的 W^0 和 B^0 组合就是光子。[169]

总结：从对称性数学的角度看，W^0 与 B^0 的场是最自然的。但考虑到网格超导性，则具有特定质量的扰动将涉及 W^0 和 B^0 的混合。一种扰动类型是非零质量的 Z^0 玻色子；另一种是零质量的光子。

有时我们听到说核心理论统一了电磁作用和弱作用，这是误导。这里涉及的仍是两种截然不同的相互作用，它们与不同的对称性相联系。它们在核心理论中是混合，而不是统一。

　　另一种复杂性是夸克和轻子的质量和混合。有三个不同的"族"。除了由 u 夸克和 d 夸克、电子 e 和电子中微子 v_e 组成的最轻的族之外，还有两个较重的族。第二个族包括粲夸克 c 和奇异夸克 s、介子 $μ$ 和 $μ$ 介子中微子 $v_μ$。第三个族则包括顶夸克 t 和底夸克 b、τ 轻子和 τ 轻子中微子 $v_τ$。

　　和规范玻色子一样，如果不是由于网格超导性的缘故，所有这些粒子都将是无质量的。但网格超导使它们有了质量[1]，并允许较重粒子间的混合，然后通过复杂的方式衰减到较轻的粒子。专家们对这些质量及其混合非常感兴趣，弄清楚它们的值是理论物理学面临的一项前所未有的挑战。其实更简单的问题现在也完全不清楚：为什么开始就有 3 个族？

170　　由于我对这些问题还没有很好地想清楚，因此不打算在细节上多费口舌。它们只会使我们偏离要讨论的主题。所以我将尽可能讲得简单些 —— 也可能有点过于简单了。托尔斯泰的《安娜·卡列尼娜》开篇即说道："所有幸福家庭的幸福都是同样的。"这里就是这种情形，因此我们仅择取其一进行叙述。

　　嗬！简单化还挺复杂。但如果我们将引力和中微子质量这两种奇异的馈赠临时存储到格子里，经过网格超导作用下混合后的整理，然后来确定一个族是否完整，我们将看到一幅明确简洁的图像，这就是你看到的图 17.1。这是核心理论的核心。

---

1. 如上所述，中微子是一种特殊情形。

图中有3个对称性，SU（3）、SU（2）和U（1）。它们分别对应于强、弱和电磁相互作用[1]。

正如我们已经讨论的，SU（3）是三种色荷之间的对称性。它是以8个规范色荷玻色子的三重态形式出现的。其作用在水平方向，见图17.1。

SU（2）是增设的两个种色荷之间的一种对称性。其作用在垂直方向上，见图17.1。

你会发现，在左边的图里，每个粒子列出两次。即在上角标L和上角标R的群里各出现一次。这两个角标分别指粒子的手性：L指左旋，R指右旋。粒子手性的定义见图17.3。左旋粒子和右旋粒子的相互作用不同。这一事实被称为宇称破缺。它是李政道和杨振宁于1956年第一次发现的，为此他们于1957年以最快时间荣获了诺贝尔物理学奖。

U（1）只涉及一种荷。我们按照一种玻色子（即光子）耦合到其他粒子的强度、符号来规定其对不同粒子的作用。每个粒子群右下角的小号码对群中粒子的荷作了明确规定。例如，右手电子有−1，因为其电荷为−1（采用在质子的电荷为+1的单位）。有6名成员的最大的

---

1. 正如我们刚才讨论的，严格来说，电磁作用是一种SU（2）和U（1）产物的混合。因此，SU（1）并不完全是电磁作用。它有自己的适当名称 —— 超荷。但我通常喜欢用更熟悉的而不是那种学究式正确的术语。

图17.3　粒子的手征由它的相对其运动方向的自旋方向确定。左旋粒子的旋转可按如下方式确定：沿转动方向卷曲左手四指，并伸出大拇指，则左手拇指所指的方向就是旋转矢量的方向

群由u夸克和d夸克组成，每种夸克有3种色荷。u夸克的电荷为2/3，而d夸克的电荷为−1/3，因此，如图中所示，群内的平均电荷为1/6。

正如我前面所说，对核心理论的力量和作用范围怎么估计都不为过。这些规则初看上去可能会显得有些复杂，但这些复杂性与（譬如说）拉丁语或法语的一些不规则动词变位相比简直不算什么。不像后者，核心理论的复杂性不是无缘无故的。它们有着坚实的实验基础。

评论

自然之歌的乐章，正如我们聆听的那样，见图17.1。我们已经记谱，并且已将它压缩成一种极其紧凑的文件形式。这是一项总结了几个世纪辉煌工作的伟大成就。

172

但是，如果按最高审美标准来评判，它仍有很大的改进余地。萨里耶利看到这个乐谱可能不会被感动得惊呼"换个音符都会削弱原有的表现力"，而更可能会说"有趣的呈示，但还需要加工"。

还有一种可能，那就是他知道是在鉴赏大师的作品，萨里耶利可能会惊呼："自然界肯定是让一位古怪的记谱者记下的她的作品！"

首先，相互作用被分为彼此无关的3种。它们都是基于同样的对称性原理，对荷做出同样的反应，但所涉及的荷则分为3个不同的群，彼此不能相互转变。（与量子色动力学的色胶子有关的）变换只能在红色、白色和蓝色的色荷之间进行，（涉及W和Z玻色子的）独立变换则只能在绿色和紫色的色荷之间进行。而电荷则完全是另外一种情形。

更糟糕的是，不同的夸克和轻子分为6个彼此无关的群。而且这些群简直乏善可陈——有的群有6名成员，而其他的群则仅仅只有要点的暗示，成员分别为3个，3个，2个，1个和1个。最不协调的是那些有趣的下标数字，每个群都有平均电荷数，但它们似乎是相当任意的。

荷账本

幸运的是，核心理论包含了超越自身的种子。其支配原则是对称性，而对称性是一个我们可以通过纯粹的思想建立起来的概念，就像做面条。我们能够玩转的是方程。

　　例如，我们可以想象，存在这样的变换，它可以将强作用的色荷

173　变换到弱作用的荷，反之亦然。这将产生更大的相互关联的粒子群，兴许这个群正是我们所希望的有吸引力的模式。在最好的情形下，我们希望 SU（3）×SU（2）×U（1）的三种不同的对称性变换就是这个更大的主对称性的不同方面。

　　有关对称性的数学已经非常成熟，因此要完成这种模式识别任务我们已经有强大的工具。所涉及的各种可能性并不是很多，我们可以逐个来尝试。

　　我觉得，主对称性最有说服力的地方是基于被称为 SO（10）的变换群。所有我们感兴趣的可能性都是这个群的子元。

　　从数学上来说，SO（10）由 10 维空间里的转动组成。在此要强调的是，这一"空间"是纯数学的。它不是那种你可以随意走动的空间，即使你在其中显得非常小。相反，SO（10）—— 吸收了核心理论（即强作用、弱作用和电磁作用的统一理论）的 SU（3）×SU（2）×U（1）的主对称群 —— 的 10 维空间是一个概念族。在这个空间里，核心理论里的每一种色荷（红色、白色、蓝色、绿色和紫色）是由一个单独的二维平面（故总共有 5×2=10 个维度）来表示的。由于任何一个面都可以通过转动变换到另一个面，因此核心理论里的荷和对称性就在 SU（3）下得到了统一和扩张。

　　对于对称性可以合并成更大的对称性这一点，大数学家不会觉得奇怪。正如我所说的，这一工具已十分成熟。有些难度因此令人印象

深刻的是如何将夸克和轻子的离散群配置其中。图17.2就是这种配置
的结果。这就是我所说的荷账本。

在这个荷账本里，所有的夸克和轻子都以平等的地位出现。其中
任何一种粒子均可转化为其他粒子。它们构成一种非常具体的模式，
即所谓SU（10）的旋量表示。当我们在相应于红色、白色、蓝色、绿
色和紫色的荷的二维平面上进行单独转动时，我们发现，在每一种情
形下，有一半的粒子具有一个单位的正的荷，另一半具有负的荷。这 [174]
些都以＋和－符号标在了荷账本上。＋和－的结合严格地仅出现一次，
而且遵从＋的荷总数为偶数的限定条件。

电荷，在核心理论中是任意的装饰品，但在统一的和声中却是必
不可少的要素。它们不再独立于其他的荷。公式

$$Y = -\frac{1}{3}(R+W+B) + \frac{1}{2}(G+P)$$

表现了电荷 —— 更确切地说，是超荷 —— 与其他荷的关系。由此可
见，与电荷转动相关的变换将前3个平面转过同样的角度，而将后两
个平面在相反意义上转过3/2个大角度。

为了实现这种程度上的统一，我们必须认识到，右旋粒子可以被
看作是它们自己的（左旋）反粒子的反粒子。例如，右旋电子是左旋
正电子的反粒子。不论哪一种描述都具有相同的物理内涵，因为粒子
及其反粒子都是同一个场激发的，出现在主方程中的也正是这个场。

场之间的对称变换将相同手性的激发联系起来，因此要找出所有可能的对称性，我们只需处理左旋激发态即可（即使这意味着与反粒子打交道）。

从荷账本具体到核心理论，我们必须认识到补色荷抵消了。等量的红、白、蓝色荷 —— 或等量的绿色和紫色荷 —— 抵消为零。例如，左旋电子 e 的 3 个相等的（+）红色、白色和蓝色荷抵消了，因此右手电子也抵消了 —— 因为在荷账本中它们代表的是左旋反粒子 e^c。两种电子不论哪一种对量子色动力学的色胶子都是不可见的。换句话说，电子不参与强作用。

荷账本中最独特的是最后一项 N。不论其强色荷还是弱色荷均为零。因此它对于强作用和弱作用均是不可见的。其电荷也为零。因此，这种粒子不响应核心理论中任何一种常规的力。这使得它很难被探测到 —— 比中微子还难检测，后者至少还参与弱作用。（N 并不感知和施加引力，但就实际目的来说的单个粒子的引力弱得出奇，正像我们已经讨论过的。）

可以肯定，N 没有观测到。为什么呢？如果我们观测到它，它就不可能是 N，因为 N 的定义就是不可观察的！理论的这种"胜利"显然是空洞的。但是，N 之所以受欢迎还有更积极的原因。因为正是这额外的粒子被添加到核心理论里之后才使得中微子有了微小的质量[1]。以前它是一种尴尬，现在它成了令人骄傲的资本。

1.关于这一点，后面还会更多地谈到，见第 21 章。

荷账本左栏规定了我们用来构建核心理论和物质世界的粒子 —— 夸克和轻子 —— 的名称。但实际上，我们可以删除该列。如果我们不知道这些粒子的名字或关于它们的任何性质，而只有一本没贴标签的荷账本，这不会丧失任何东西。我们可以根据荷账本的信息重建所有粒子的属性（当然，给它们取名字只是图个方便）。

反之，如果核心群的形状略有改变，或是各个群的角标上的有趣数字不同于现值，那么这个模型就失效了。

荷账本将数学理想映射到物体实际。它是完全当得起萨里耶利的最高褒奖的："哪怕是换一个音符，音乐都会减色；换一小节就更是破坏了结构。"

塞壬之歌

176

神话传说中的塞壬在峭石嶙峋的岸边唱着迷人的歌，诱得水手忘乎所以导致沉船和搁浅。她们的歌声里包含着过去和未来的神秘知识。她们号称"在丰饶大地上发生的所有事情，我们都知道！"简·爱伦·哈里森评论道："荷马神奇和完美的地方正在于让塞壬靠精神而不是肉体来诱人。"

我们已经听到了塞壬的统一之歌。

第 18 章
统一性：透过镜片，还是漆黑一片

177　　将基本粒子统一起来的较高的对称性还预言了不同的基本相互作用之间的平等性。从表面上看，这一预言非常荒谬。但是，当我们更正了网格涨落的扭曲效应后，它就接近真理了。

我们听到了塞壬的统一之歌。现在是睁开眼睛，看看我们是否能通过她居住的岩石岸边了。

对对称性说不

统一理论的改进了的对称性可以解释很多东西。它将核心理论零散的部件组装成匀称的整体。然而，一旦我们看穿这些令人眼花缭乱的第一印象，开始更仔细地辨认，事情似乎并不正确。

事实上，一些很基本的东西似乎是错误的。如果强力、弱力和电磁力是一种共有的基本力的不同方面，那么对称性将要求它们有相同的强度。但是它们并不具备这一点，如图18.1所示。

图18.1 完美的对称性要求强力、弱力和电磁力具有相同的强度。但它们不具备这一点。为以后方便起见，这里我用耦合强度的平方反比关系来作为它们之间相对强度的定量测度。因此最强的强相互作用出现在最下面

强作用之所以被称为是强的而电磁作用不称为强的是有道理的。强相互作用真的是很强！差别最明显的莫过于二者的如下表现：由强作用力结合在一起的原子核要远远小于由电磁力结合在一起的原子。强力使核结合得更紧密。

核心理论的数学为我们提供了不同相互作用之间相对强度的一个精确的定量测度。每一种相互作用——强作用、弱作用和电磁作用——都有所谓的耦合参数，或简称耦合度。

从费恩曼图可知，耦合度就是每一个节点所乘的因子。（这些普遍的、整体的耦合因子就是荷账本里粒子色荷或电磁荷上方的那些纯粹的数字。）因此，色胶子在节点上每出现一次，我们就乘一次强耦合度，反映它所描述的过程的贡献；每出现一次光子，我们就乘一次电磁耦合度。基本的电磁力来自交换一个光子（图7.4），因此它是电磁耦合度的平方。同样地，基本的强力来自交换一个胶子，所以它是

强耦合度的平方。

179   力之间的完全对称性要求每个节点都与所有其他节点存在关联，而且各种耦合度之间不存在差异。因此，所观察到的差异对于通过对称性实现统一的整个构想构成了严峻的挑战。

纠正我们的愿景

核心理论的一个很大的教益是，我们认为是虚空空间的这样一种实体实际上是一种充满结构和活动的动态媒介。我们称它为网格，它影响着在其中的一切事情的性质。但我们看不到它，就像透过镜片，但仍是漆黑一片。特别是，网格充满了沸腾的虚拟粒子，这些粒子可以屏蔽或反屏蔽各种力源。有关强力的这一现象正是在我们第一和第二部分中展开的故事。在其他力上也会发生同样的事。

因此，我们看到的耦合度的值取决于我们是如何观察的。如果只是粗粗一瞥，我们不会察觉到这些基本源的本相，看到的只是它们被网格扭曲后的形象。换言之，我们看见的是与包围这些源的虚拟粒子云混成一团不可分辨的基本源。要判断是否会出现力的完美对称性和统一，我们应当校正这种扭曲。

为了深入观察这一基础，我们需要改进在非常短的距离上和很短的时间内的观察手段。这种问题历史上经常复现，从范·列文虎克和他的显微镜到弗里德曼、肯德尔和泰勒用超级闪光纳米显微镜在斯坦福直线加速器上寻找质子，再到实验者用具有创造性破坏力的机器

LEP来探索网格，无不如此。正如我们在后两个项目（它们都要解决极短距离和极短时间下的观察问题，这里量子理论起着重要作用）上看到的，这里需要使用探针来主动将大量的动量和能量转移到被测对象上。这就是为什么高能加速器尽管造价昂贵而且复杂，但却是不二[180]选择的原因。

近乎理想的结果

正如我们在第16章讨论的，虚拟粒子云可以缓慢地形成。就从一定大小的种子云增大到大得吓人的包裹着夸克的云而言，它必须从普朗克长度演变到质子尺度大小：长度之比达到10^{18}倍！

有了这方面的经验，我们对于下述基本事实的发现就不应感到惊讶了：统一的实现应到更小的距离上去找，为此我们可能需要进行极其巨大的动量和能量转移。下一代巨型加速器 —— 大型强子对撞机 —— 将使分辨率提高10倍 —— 即10^1倍 —— 造价高达约100亿欧[181]元，而这之后的困难会更大。

因此，我们必须代之以我们的面条（noodles）。虽然不是万无一失，但造价相对便宜，并且易于上手（可以这么说）。我们花上一些纸笔就可以计算出网格畸变的影响以及如何校正它。

结果如图18.2所示。

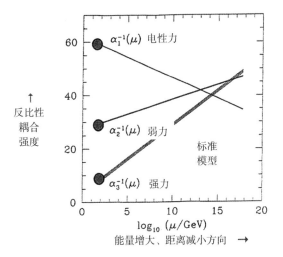

图18.2 通过校正网格的扭曲来看看力是否可以统一。如果我们按如下方式作图: 平方反比的耦合度取垂直向上为正, 能量的对数或 (等价的) 距离的倒数取水平方向, 则校正后的耦合度在越来越高的分辨率下其轨迹为几条直线。实验误差的大小用线宽来表示。实验尽管未完全证实, 但基本上是讲得通的

第 19 章
真理化

当一个有吸引力的想法接近正确时，我们会努力想方设法使之正 [182]
确。我们期待着有办法使之真理化。

著名哲学家波普尔曾强调科学可证伪性的重要作用。根据波普尔
的说法，科学理论的标志是它提出的陈述 —— 预言 —— 可能是假的。
波普尔的这种看法是否正确呢？或者说，你能证伪它吗？

也许这是一条深刻的真理。反波普尔主义者认为，一个好的科学
理论的标志是你可以将它真理化。可真理化的理论可能会出错，但如
果它是一个好的理论，那么这些错误是你可以更正的。

其实，可证伪性和可真理化性是同一事物的两面。两者都有其价
值。从这两方面看，最差的理论不是那种会犯错误的理论。错误，是
那种你可以从中学到东西的事情。最差的理论是那种你甚至没法尝试
犯错误的理论 —— 一种放之四海而皆准的理论。如果一切可能都是
等同的，那么就没有什么特别有趣的事好说了。

按照耶稣信条"请求宽恕的人比请求许可的人更值得祝福"来

看：一个可证伪的理论请求的是宽恕，而一个可真理化的理论要求的
则是许可 —— 不科学的理论谈不上罪过。

183　　　我们前面讨论的模式识别和描述压缩等思想对这些问题有着不
同的观点（在我看来，它们更深刻）。这种观点认为，如果对每个像
素的处理产生的是中等色调的雾蒙蒙的结果，那说明底片曝光时就没
形成任何影像。同样，为了确认我们对物理世界的感知模式，要在一
切可能事物的背景下反衬出世界的图像，我们的备选理论就必须（根
据理论）从不可能性中区分出可能性来。只有这样，我们才可能对它
们进行不同的着色，也只有到那时，我们的观察才能给我们一种赖以
工作的图像 —— 一种具有反差的图像。

　　　如果我们肯定能设法得到大量正确的像素，那么我们就能得到一
个有用的图像，即使其中有一些错误。（我们可以用 Photoshop 来触
及它。）因此，这种雄心是有根据的 —— 也就是说，用大量像素来制
作图片（或按我们的比喻，基于大量的事实）—— 而且具有精确性。

　　　这个隐喻足够强且一般化吧！我们来研究真理化的个案。

加倍下注：更大的统一

　　　我们雄心勃勃地要将强作用、电磁作用和弱作用统一起来的尝试
并不完全成功。我们只是成功地创立了一种理论，它不仅易证伪，而
且根本就是错的。非常科学，卡尔·波普尔爵士如是说。但不知何故，
我们对此并不感到满意。

当这种具有吸引力的和近乎成功的设想看来并不完全正确之时，我们会尝试着拯救它。我们期待能找出使之真理化的途径。

也许，在我们寻求统一的进程中，我们还没有足够的雄心。我们将不同的荷统一起来的核心是这样的：

$$电子 \longleftrightarrow 夸克$$
$$光子 \longleftrightarrow 胶子$$

仍将世界这副积木分成了两个单独的类。我们可以走得更远吗？ [184] 我们可以像下面这样做吗？

$$
\begin{array}{ccc}
电子 & \longleftrightarrow & 夸克 \\
\updownarrow & & \updownarrow \\
光子 & \longleftrightarrow & 胶子
\end{array}
$$

让我们试试。

第 20 章
统 一♥超对称性

185   当我们将物理方程扩大到包括超对称性时，我们的网格就更丰富了。因此，我们必须重新调整关于网格是如何扭曲了我们的统一观点的计算。当我们做出更正之后，一幅更鲜明的统一图像出现在眼前。

通过完善方程，我们扩大了世界。

在 19 世纪 60 年代，詹姆斯·克拉克·麦克斯韦按照他当时对电与磁的理解集成了关于电和磁的方程组，并因此发现它们存在矛盾。[1] 他看到，如果加入新的项，他可以使之调和一致。自然，这个新的项对应于一种新的物理效应。早在英格兰的迈克尔·法拉第之前一些年，美国的约瑟夫·亨利就发现，当磁场变化时，它们产生电场。麦克斯韦的新的项则体现了相反的效应：改变电场可以产生磁场。将这些效应综合起来，我们有了一种全新的可能性：变化的电场产生变化的磁场，后者产生再变化的电场，这个电场再产生变化的磁场 …… 你能够有一种自我更新的扰动，它可以自持。麦克斯韦看到，他的方程组已经解决了这一问题。他可以计算出这些扰动在空间传播的速度。他

1.我在第 8 章提到过这一点。

发现它们在以光速运动。

　　作为一个非常聪明的研究人员，麦克斯韦立刻得出结论，这些电磁扰动就是光。这一思想一直延续到今天，产生了许许多多丰硕的应用。至今它仍是我们对光的性质最深刻认识的基础。但它的作用还不限于此。从麦克斯韦方程我们还可以得到波长比可见光波长更短或更长的波动解。因此说，方程预言了新事物的存在 —— 如果你愿意，可以称它为新物质 —— 只是当时还不知道。这些波就是我们现在所知道的射频波、微波、红外线、紫外线、X射线和γ射线 —— 它们每一种都对现代生活有着重大贡献，每一种都是从概念世界来到物理世界的新移民。

　　在20世纪20年代后期，保罗·狄拉克努力改进了这一方程，使之可用于描述量子力学里的电子。此前几年，欧文·薛定谔给出了一个电子方程，它在许多领域获得了很好的应用。但是理论物理学家们对薛定谔电子方程并不完全满意，因为它不遵从狭义相对论。它只是量子力学版本的牛顿力定律；它服从老的力学相对论而不是爱因斯坦的电磁相对论。狄拉克发现，要获得与狭义相对论相协调的方程，就必须用比薛定谔方程更大的方程。正像麦克斯韦完善了的电和磁的方程一样，狄拉克完善了的电子方程也有新的解：除了对应于电子不同的运动速度和不同方向的自旋的解之外，还有其他解。经过一番奋斗以及有错的开始，尤其是在赫尔曼·外尔的帮助下，到1931年，狄拉克终于破译了这些奇怪新解的含义。它们代表了一种新的粒子，其质量与电子相同，但电荷符号相反。此后不久，卡尔·安德森便于1932年发现了这种新粒子。我们叫它反电子或正电子。今天，我们用正电子来监测大脑里面发生的事情（正电子断层扫描技术）。

[187] 　　像这样的物质新形式首先见于方程而不是实验室的最近的例子还有许多。事实上，这已经成为常态。夸克（不论是作为一般概念，还是作为具体 c, b 和 t 味品种）、色胶子、W 和 Z 玻色子以及所有 3 种中微子首次出现时都是作为方程的解出现的，然后才有物理实在上的发现。

　　对于我们希望从概念世界带到物理现实世界的其他粒子（尤其是希格斯子和轴子）的搜索工作目前仍在进行。这里令人不快的不是对它们的详细描述，而是在我们正在登顶时需要两次离题。你可以在书末的词汇表和注释中找到更多的有关信息和参考资料，关于希格斯子还可见附录 B。

　　对物理方程最重要的扩张是超对称性，我们也常称呼它为 SUSY。超对称性，顾名思义，说明我们应该用具有更大对称性的方程。

　　超对称性里的新对称性与狭义相对论的速度平移对称性有关。大家可能还记得，速度平移对称性说的是，当你描述将一个共同的恒定速度传递给你所描述系统的所有组成部分的效应时，基本方程是不变的。（狄拉克修改薛定谔方程为的就是给出这种性质。）超对称性也是说，当你将一个共同的运动传递给你所描述系统的所有组成部分时，基本方程不变。但这种运动与速度平移对称性所涉及的运动非常不同。超对称性涉及的运动不是以恒定速度通过普通空间的那种运动，而是新维度上的运动！

在你即将穿越超空间神游精神世界和虫洞之前，我得赶紧告诉你，新的维度具有一种与你熟悉的空间和时间维度非常不同的性质。它们是量子维度。物体在量子维度上运动所带来的变化不是位移——这里没有距离的概念，而是它的自旋变化。这种"超速度平移"将给 [188] 定内在自旋的粒子转变成不同自旋的粒子。由于方程保持不变，因此超对称性将不同自旋的粒子的性质联系起来。超对称性让我们看到，以不同方式通过超空间量子维度的粒子看起来都是相同的粒子。

超对称性也许能使我们完成统一核心理论的工作。利用SO（10）对称性，不同荷的统一性将所有规范玻色子组成一族，所有的夸克和轻子组成另一族。但还没有一种普通的对称性能够将这两族联合起来，因为它们描述的是具有不同自旋的粒子。超对称性是我们目前具有的进行这种联合的最佳概念。

对校正结果的校正

扩大后的物理方程包括了超对称性，我们发现这些方程有更多的解。就像麦克斯韦方程和狄拉克方程那样，新的解代表了物质的新形式——新的场以及它们的激发态新型粒子。

大致上说，超对称性要求我们将方程中已有的场的数量增加1倍。对应于我们知道的每一种场，在量子维度上还有相应的新的伴场，后者描述新的网格层面上的活动。与这些新的场相关联的粒子有与其已知伴场相同的（所有种类）荷，但其质量和自旋不同。

在审美考虑的基础上将整个世界翻了一番，这种推断听起来有些鲁莽和夸张[1]。可事实也许正是这样。狄拉克正是因为引入了反物质概念才使得所涉及的物质种类增加一倍，麦克斯韦也正因此将光的世界从可见光波段扩大到无限广阔的电磁频谱。两人都是——运用他们的概念——开启了审美上的新开端。因此，物理学家已学会大胆地尝试。这种请求原谅比许可更值得祝福，因此不用道歉。现在我们回到正题上。

189　　新的伴粒子必须比它观察到的兄弟们更重，否则它们就已经被观察到了。但我们可以假定它们不会太重，我们走着瞧吧[2]。

这些新场的涨落渗透在整个网格中。它们是新的虚拟粒子，也对强力、弱力和电磁力等力源有屏蔽和反屏蔽的作用。为了看清这种短距离或高能量上的基本面，我们必须修正我们见到的图像，除去气泡介质带来的扭曲效果。此前在第18章中，我们试着做过这样的校正，但没有考虑到这些新粒子可能的贡献。现在，我们必须对那个校正再做校正。

图20.1显示的是校正后的结果。其中已考虑到超对称性，它是有作用的。

1.成功的数值计算的惊人结果支持这一点——说明见后。
2.关于定量上的更多内容，见下一章和书末本章注释。

统一 ♥ 超对称性

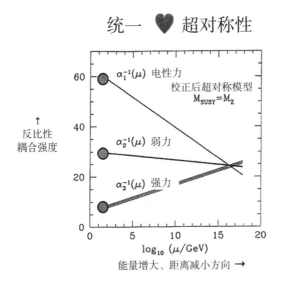

图20.1 超对称性要求通过扩大物理方程将新的场包括进来。这些新场引起的网格涨落扭曲了我们对最基本的基础物理过程的认识。经过对这些扭曲的校正，我们发现，在短距离或（等效的）高能量情形下，3种力精确地统一

也适用于引力

我们还可以把引力加入进来。正像我们已看到的，开始时引力比起其他力弱得可怜。从图20.1可见，在图的左边，在实验可接近的距离和能量尺度上，强力和电磁力的功率大约相差10倍。因此，它们容易拟合到一张图上，再加上弱作用力，构成一幅简洁的图像。但引力就不是这么好拟合了，因为它太弱，要在一张图上画出它的平方反比关系，它的位置将会出现在图中远远高于其他力的地方。因此，要把它纳入进来，我们需要做出比已知宇宙大得多的图！

190

另一方面……

对于核心理论里的力 —— 强力、弱力和电磁力 —— 随着趋向距离更短、能量更高的图的右端，这种更正变得相当合理（记住，横轴上的每一格表示10的一个指数）。毕竟，这些更正缘于一种微妙的量子力学效应：对网格涨落的屏蔽（或反屏蔽）。当我们在很短的距离上观察引力时，通过转换到非常大的能量，变化将激烈得多。正如我们早在第3章里讨论的，引力直接对能量做出响应。其功率，如这里所界定的，正比于能量的平方。考虑到这种效应，我们可以计算在很

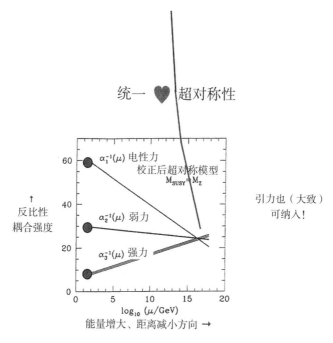

图20.2　引力开始时极其微弱，但它在很短距离上其功率趋近其他相互作用功率，它们几乎都聚集于一点

短距离下的引力的功率，并与其他相互作用进行比较。图20.2显示了这些结果。在远离已知宇宙的地方，引力的功率倒数下降到与近乎其他相互作用相交。

第 21 章
期待新的黄金时代

192　　　我们已经给出了统一性的理由。现在得交给自然界这个最终裁决者去判定了。我们期待着来自加速器、宇宙和地下深处的判决。

　　我们看到，各种关于力（每一种力都深深根植于对称性）的核心理论可以结合起来。核心理论中3种独立的对称性可以是一种单一的、无所不包的对称性的组成部分。此外，这种涵盖一切的对称性将统一理论下的各粒子族统一协调起来。我们将驳杂的6个族变成为完美无缺的荷账本。我们还发现，一旦校正了网格涨落引起的畸变 —— 随后加大赌注将超对称性也包括进来 —— 我们就可以从很短距离上的一个共同的值导出核心理论下各种力的不同力量，甚至可以将引力这种微弱得令人绝望的对象也包括进来。

　　为了实现这一明确而崇高的图景，我们的想象力发生了充满希望的飞跃。我们假定网格 —— 那种在日常生活中我们称其为虚空的实体 —— 是一个多层次的、多色的超导体。我们还假定这个世界包含了支撑超对称性所需的额外的量子维度。有了这两个"超级"假定之后，我们大胆地将物理定律外推到能量大到或距离小到远远超出我们可直接通过实验检验的范围上。

从迄今所取得的智力上的成功 —— 即从统一远景的明晰性和协调性方面 —— 我们倾向于认为，我们的假设符合现实。但在科学上，[193]自然界母亲才是最终的判官。

在1919年太阳引力效应探险队通过观察证实了爱因斯坦关于太阳造成光线弯曲的预言后，有记者问爱因斯坦，如果结果不是这样，那它意味着什么。爱因斯坦回答道："这只能说上帝可能错过了一个绝好的机会。"自然界当然不会错过这样的机会。我预期，自然界做出的有利于我们的"超级"设想的判决将开创基础物理学的一个新的黄金时代。

超级强子对撞机项目

在日内瓦附近的欧洲核子研究中心的实验室里，质子将以0.999998倍光速的速度围绕着27km周长的隧道奔跑。这是两股相向运动的强大束流。它们将在4个相互作用点上相遇，有五层办公楼高的探测器将在这些地方监测碰撞产生的结果。这就是大型强子对撞机（LHC）项目。这台加速器及其探测器的规模见图版8、9和11。

纯就体积大小而言，大型强子对撞机对于当今文明的意义不下于古埃及金字塔，而且它在许多方面还具有崇高的纪念碑意义。它诞生于好奇心而非迷信。它是合作的产物而非命令的产物。

大型强子对撞机的巨大规模并不是事情的结束，而是其功能的负效应。事实上，这个项目的总体物理规模并不是唯一或说令人印象最深刻的方面。在长长的隧道内，是精致加工并准直的超导磁体。这些巨大的磁体每个都有 15 m 长，而其公差则小于 1 mm。电子学上准确的计时也至关重要。在分辨碰撞和跟踪粒子方面，计时以 ns 计。

喷涌而出的原始数据流不仅人脑吃不消，就是电脑网络也造成拥堵。据估计，大型强子对撞机每年产生大约 15 PB（15×10^{15} 字节）的信息。这相当于让 50 万部电话同时不停歇地交谈所占用的带宽。已发展出新的体系结构以便使世界各地成千上万的电脑来分担这一负载。这就是（计算机）网格项目。

大型强子对撞机将实现能量集中到足够大以检验我们的两个"超级"假设。

我们对于需要采取哪些措施来碰撞出网格（电弱）超导性的凝聚体已做出相当可靠的估计。弱力是短程力，但不是无限短。W 玻色子和 Z 玻色子很重，但也不是无限重。观察范围内的力和施力体的质量使我们能够很好地处理造成这些影响的凝聚体的刚度。有了刚度，我们就可以估算出需要聚焦多少能量才能切下单个的（量子化）凝聚体 —— 或用更乏味的术语来表述就是，需要多少能量才能得到使网格成为宇宙超导体的希格斯粒子或粒子群或扇形区或某种新东西。除非我们的概念里包含某些重要错误，否则在大型强子对撞机上就应该能够测得这些粒子。

超对称性的故事与此类似。我们希望与新的超对称伴场关联的网格涨落能够与耦合度的统一保持一致。如果它们能做到这一点，那么这些场的激发就不会太僵硬。大型强子对撞机上应该能够检测到其中的某些激发态 —— 某些新超对称性粒子，我们已知粒子的伴子。

如果确实表明存在超对称性伴子，那么它们将为我们打开统一物理学的新窗口。犹如核心基本相互作用的基本耦合度情形，这些粒子的质量和耦合度也会因网格涨落效应而扭曲。但扭曲的具体细节据预言会有所不同。如果一切顺利，我们今天关于统一的计算就可能会形成一种各种结果相互支持的繁荣兴旺的局面。

暗物质的平衡

195

截至20世纪末，物理学家夯实了他们的极为成功的物质理论：核心理论。这一理论是对几百年来有关物质基本定律工作的完整而准确的总结。

但天有不测风云，总结甫定，天文学家就以惊人的新发现让我们重新感受到卑微。他们发现，我们在所有世纪里碰到的物质 —— 即我们在生物学、化学、工程和地质学等领域研究的对象，我们人体所赖以构成的物质，我们的核心理论深刻理解的那些物质[1] —— 都只是普通物质，它们只占整个宇宙质量的约5％！

其余的95％至少包括两个组成部分，称为暗能量和暗物质。

---

1. 即由光子、电子、夸克和胶子构成的物质种类。

　　暗能量大约贡献了整个宇宙质量的70％。它只有通过其引力对普通物质运动的影响而被观察到。人们至今没有观察到它是否发出或吸收光线，这里所说的"暗"不是通常意义上的漆黑一片，而是透明。暗能量似乎是均匀分布于整个空间，其密度也不随时间变化。暗能量理论还很幼稚。这是未来需要解决的问题。

　　暗物质大约贡献了整个宇宙质量的25％。它也只有通过其引力对普通物质运动的影响而被观察到。暗物质在空间的分布不是均匀的，其密度也不是与时间无关的常数。它聚合成丛，但不像普通物质那么致密。天文学家经过仔细研究发现，差不多每个星系都存在延展的暗物质晕。这些晕呈弥漫状 —— 其密度通常比普通物质小100万倍以上 —— 但它们延展的体积则远远大于普通物质。与其说星系是带晕的天体，不如说普通物质星系只是暗物质中的杂质更合适。

196

　　我认为，暗物质问题已经成熟可解。

　　在超对称性理论预言的新的伴粒子当中，有一个粒子最轻而较为特殊。其属性依赖于具体细节，对此我们还拿不出令人信服的概念（特别是所有超对称性伴质量的具体值）。因此，我们必须尝试所有的可能性。我们发现，在许多情况下，最轻的超对称性伴子具有非常长的寿命 —— 比宇宙的年龄还长 —— 而且与普通物质的相互作用非常弱。但最引人注目的是，当我们通过大爆炸方程来看看有多少这种物质能够存留到今天时，我们发现，其数量大致就是暗物质的总量。自然，所有这一切表明，最轻的超对称性伴子就是暗物质。

所以，通过研究超短距离下的基本物理定律，我们很可能解决一个重大的宇宙之谜，并由此卸下令人厌烦的谦卑。如果真能出现某种可认为是暗物质的候选粒子，那么检验它是否确实有效将成就一番伟大的事业。在理论方面，我们需要确定与大爆炸产物有关的所有相关反应，并逐个排除。在实验方面，我们需要检查候选粒子确实是会再现。一旦你知道你要找的东西，找到它就变得很容易了。

关于什么是暗物质还有一个有前途的设想，它由为改善物理方程的不同建议综合而来。正如我们讨论过的，量子色动力学是以一种深刻的真正意义上的构造来体现对称性。在狭义相对论和量子力学的框架内，夸克和胶子的观测性质与局部色对称性所允许的最一般的属性之间存在一种近乎完美的匹配。唯一的例外是量子色动力学的既定对 [197] 称性无法禁绝那种观测不到的行为。既定对称性允许一种胶子之间的相互作用，这种作用会使量子色动力学方程在时间方向发生变化时不再具有对称性。实验已为这种相互作用的可能力量提出了严格的限定。这个限定要比可以预料到的意外情形严格得多。

核心理论并不能解释这种"巧合"。罗伯托·佩切伊（Roberto Peccei）和海伦·奎因（Helen Quinn）找到了一种扩充方程的方法可以解释它。史蒂芬·温伯格和我则独立地证明了，扩充了的方程预言，存在新的、很轻的、非常弱的相互作用粒子，即所谓轴子。轴子也是宇宙暗物质的重要备选对象。原则上说，它们可以以各种方式被观察到。虽然没有一个是容易的，但围捕已开始。

也有可能两种想法都是正确的，并且这两种粒子都对暗物质总量有贡献。那岂不是很酷？

才闻足下音，又遇其他事

核心力的统一带来更大的对称性，而更大的对称性又带来额外的力。我们假设网格宇宙超导体的第二层，也是更坚硬的层，能够解释额外的力，虽然尚未观测到，是如何被抑制的。[1] 但我们完全不想抑制它们。在统一的尺度 —— 即在高能或等价的短距离 —— 下以及这之外，这些新的相互作用被统一在核心理论下并具有同样的能动性。

达到如此非同寻常高的能量的量子涨落 —— 虚拟粒子 —— 是非常罕见的，但它们确实发生过。相应地，这些涨落促成的影响预计将非常小，但不是零。其中两个效应是如此非比寻常和意外的，以至于它们被视为经典物理学的统一标志。

198

- *中微子应获得质量。*
- *质子应存在衰变。*

我们已经听到了第一声足音。如前所述，中微子确实非常小，但质量非零。这些质量的观测值与统一理论的预期大致符合。

我们正在期待着其他足音。在地下深处，巨大的光子收集器正监测着巨大的纯净水，寻找表征质子死亡的闪烁信号。我们对发生率的

1.这方面更深的讨论见附录B。

估计表明,这一发现当为期不远。如果是这样的话,它将打开通向统一物理学的又一个通道 —— 也许这是最直接、最强大的通道。由于质子衰变可以以多种方式进行,因此不同概率的衰变直接反映了统一产生的新的相互作用。

将核心相互作用 —— 强、弱和电磁 —— 理论统一成一个统一理论,会涉及一些猜测,但原理是清楚的。量子力学、狭义相对论和(局部)对称性配合顺利。利用它们,我们可以为实验探索(包括对预测效果的定量估计)提供明确的建议。

我们已经看到,在所有相互作用的基本力的比较水平上,对引力的统一看起来势头良好。但是对于引力,我们关于统一理论的想法正在变得越来越具体。超弦理论所孕育的想法似乎很有希望,但还没有人能够将这些概念聚拢在一起具体给出我们所希望的新效应。哪只脚能踏出引力统一的足音?我们希望可以听到什么?这也是未来要回答的问题。

尾声
光滑的鹅卵石，漂亮的贝壳

199　　在我自己看来，我不过就像是一个在海滨玩耍的小孩，为不时发现比寻常更光滑的一块鹅卵石或比寻常更漂亮的一片贝壳而沾沾自喜，而对于展现在我面前的浩瀚的真理海洋，却全然没有发现。——艾萨克·牛顿[1]

登上了第三座高峰，我们到达了自然界的一个站点。是停下来休息，回首饱览风景的时候了。

俯视日常物质的山谷，我们比以前感知得更多。在虚空中不朽物质的熟悉、冷静的外表下，我们的心灵预演着无处不在、无时不在的介质舞台上的错综复杂的舞蹈。我们感觉得出，质量 —— 那种使物质变得迟钝和可控的性质 —— 来自始终以光速运动着的夸克和胶子的能量，它们不得不蜷缩在一起以屏蔽介质的冲击。我们的物质是一首神奇的乐章，一首比巴赫的赋格曲更精确和复杂的数学乐章，即网格的乐章。

1.这段引文见 David Brewster 于 1855 年出版的著作《牛顿爵士的生平、著作及发现之怀想》（*Memoirs of the Life, Writings, and Discoveries of Sir Isaac Newton*）第二卷第 27 章。这本书其实是他 1831 年的《牛顿爵士的生平》（*Life of Sir Isaac Newton*）的修订版，后者也是历史上一本极其重要的关于牛顿的传记。—— 译者注

穿过片片云彩，我们似乎瞥见了遥远处数学的天堂，在那里，构建实在的元素正排出其浮渣。通过纠正我们日常所见的扭曲，我们在脑海中建立起关于什么是真正纯粹和理想的、对称的、平等和完美的图像。

抑或我们的想象力太过出格？我们对准了望远镜，等待着云消雾[200]散的良宵。

无法解释的质量

没到过他山，就不知他山山峰之险峻。

如前所述，我已经解释了95％的普通物质的质量是来源于无质量构件的能量，其依据就是爱因斯坦第二定律，$m=E/c^2$。现在我要承认有些质量是我不能解释的。

电子的质量，尽管占普通物质总质量的份额远小于1％，却是必不可少的。其质量值决定了原子的大小。如果你将电子质量增加一倍，则所有原子的大小都将压缩到原先的一半；如果你将电子质量减半，则所有原子的大小将变成原先的两倍。不仅如此，电子质量的改变还会造成其他事情的发生，譬如我们目前已知的所有生命形式都将不复存在。如果电子比现在的值重上4倍或更多，那么电子就很可能与质子结合生成中子，并发射中微子。这等于宣告了化学的终结，生物学就更不用说了，因为这时既没有带电的原子核也没有电子可用来构成原子和复杂分子。

对于电子的质量为什么只能是这么大这一点，物理学家还没什么好主意。目前还没有证据表明电子具有内部结构（大量的证据是否定的），因此我们用来解释质子质量的方法，即将其质量与其内部能量联系起来的方法，对此无法奏效。我们需要一些新的想法。目前，我们所能做的是，将电子质量看作是方程里的参数——一种不能用更基本的概念来表达的参数。

对上夸克 u 和下夸克 d 的质量问题，情况也与上面情形类似。定量上看，虽然它们的值很小，但定性上却对质子和中子的质量，从而也对普通物质的质量，有着重大影响。如果它们的值与现值有显著差异，就可能会造成生命的困难甚至不可能存在。然而，我们不能解释为什么它们的值会是现在这个样子。

我们也弄不懂较电子更重的不稳定的电子克隆——μ 子和 τ 轻子——的质量，它们的质量分别是电子质量的 209 倍和 3478 倍。我们不知道 209 和 3478 这些数字来自何处。其他情形，上夸克的更重的不稳定的克隆兄弟——粲（c）夸克和顶（t）夸克；下夸克的较重的不稳定的克隆兄弟——奇异（s）夸克和底（b）夸克，莫不如此。

在这个令人崩溃的情景里，唯一的好消息是，无论是从观测性质上看，还是从我们在前几章中讨论的统一理论上看，所有这些夸克和轻子似乎都是彼此密切关联的。因此，如果我们能够理解其一——如果统一理论是正确的话！——我们就能理解所有其他粒子的质量起源。

我们对夸克质量的起源是如此无知这一事实意味着，我基于质子按普朗克质量来看很轻这一事实而做出的对引力微弱性的解释是不完整的。根据爱因斯坦第二定律，质子的大部分质量被认为来自于其组成物质夸克和胶子的能量，我视其为理所当然。但自然界的实际情形却是：u夸克和d夸克的质量实际上非常小，远小于质子质量，因此，它们对质子质量的直接贡献是非常小的。但如果你问我为什么这些夸克质量会如此微小，我没有一个靠得住的答案（虽然我编了一些故事）。

此外，还有希格斯子，有时它被称为"质量的起源"，甚至是"上帝粒子"。在附录B中，我已经围绕希格斯子勾画出一连串美好的设想。简言之，希格斯场（它比粒子更基本）使我们能够贯彻我们关于普适的宇宙超导体的观点，并体现了完美的对称性自发破缺概念。这些思想不仅是深刻的、奇异的、壮美的，而且很可能是真实的。但它们不能解释质量的起源——更不用说上帝的起源了。虽然我们可以 202 准确地说，希格斯场使我们能够调和某种质量的存在与弱相互作用细节之间的矛盾，但这离解释质量的起源或为什么不同质量具有不同的值等问题还相差很远。正如我们已经看到的，普通物质的大部分质量的起源与希格斯子毫不相干。

我们也不理解中微子质量的起源。我们真的不理解那些出现在我们的理论里但实验上却观测不到的形形色色的粒子的质量，这些粒子包括希格斯子或其他所有与超对称性相关的粒子、轴子……

对此情形我们可以用更简短的话来总结：我们弄明白质量起源的

唯一情形就是我在这本书里已告诉你的那些。令人高兴的是，这种理解涵盖了普通物质的大部分质量，这些物质 —— 由电子、光子、夸克和胶子构成的物质 —— 就是构成我们周边环境的那种物质，就是我们在生物学和化学中所研究的物质，就是我们自身赖以构成的物质。

回眸暗物质

这曾是天文学上的伟大发现 —— 也许是最伟大的发现 —— 遥远的恒星和星云完全是由与我们地球上一样的物质构成的。然而近几十年来，天文学家却发现这只是部分基本真理。他们发现，宇宙的大部分质量，大约占全部质量的95％，是来自别的东西。也就是说，95％的宇宙质量要由这种并非由电子、光子、夸克和胶子组成的新的物质形式来解释。

这种新物质至少有两种成分，即所谓暗物质和暗能量。这两个名字取得都不是很好，因为我们知道其中一些东西并不是暗的：它不吸收任何可探测范围的光。我们也没有观察到它发光。它看起来就像是完全透明的。也没观测到它放出质子、电子、中微子或任何种类的宇宙线。总之，无论是暗物质还是暗能量，它们与普通物质的相互作用即使有的话也极其微弱。探测它们的唯一途径是通过其引力对普通恒星和星系轨道的作用，我们确实看到了这种作用。

对于暗物质我们所知甚少。它可能是由我此前讨论过的超对称粒子或轴子构成的。[我很喜欢轴子，部分是因为这名字是我起的。我用这个机会实现了我的青春梦想。我注意到，有一种品牌的洗衣粉就

叫 " Axion "，听起来就像我给这种粒子取的名字。因此，当我在理论上提出一种假设的粒子从而解决了轴向流问题时，我感到宇宙是收敛的。但当我将论文投到《物理快报》（ *Physical Review letters* ）后，问题出来了。我告诉编辑，这个词是指轴向流，不是指洗涤剂，问题才解决。]检验这些可能性的伟大实验目前正在进行，有幸的话我们将在几年之内就可以更清楚地知道什么是暗物质。

关于暗能量我们知道得更少。它似乎完全是均匀分布的，时时处处都具有相同的密度，就像是时空固有的一种性质。与任何常规物质（甚至与超对称粒子或轴子）不同，暗能量施加的是负压强。它试图将你扯碎！幸运的是，尽管暗能量占到宇宙全部质量的70％左右，但它的密度却只有水的密度的约7×10^{-30}倍，其负压强也只能抵消普通大气压的约7×10^{-14} —— 还不到万亿分之一。对于什么是暗能量，我不知道我们什么时候会有更明确的概念。我猜想这得要很长时间。我希望我是错的。

最后的话

204

我已经向你展示了我收集的最光滑的鹅卵石、最漂亮的贝壳和尚未被发现的海洋。我希望你喜欢它们。毕竟，它们是你的世界。

²⁰⁵ 致谢

本书的大部分内容来自我过去几年里在各地做的如下一些公开演讲："宇宙是个奇怪的地方""世界的数值菜单""质量起源与引力的虚弱性"和"以太的韧性"等。在此我要感谢上述演讲的主办者，是他们给了我这些机会，同时我还要感谢我的听众，他们给我提出了许多有趣的问题并反馈了许多有用的信息。

我要感谢麻省理工学院给予的大力支持；感谢诺蒂克理论物理研究所（Nordita）在写作上给予的慷慨支持；感谢牛津大学为本书的完成所给予的慷慨支持。

我要感谢 Betsy Devine 和 Al Shapere 对原稿进行的仔细阅读，它使本书在很多方面得到了重要改进。我还要感谢 Carol Breen 对原稿的意见，特别是对第 6 章较早版本所提供的帮助。

我要感谢 John Brockman 和 Katinka Matson 敦促我写作本书，感谢 Bill Frucht、Sandra Beris 和 Perseus 出版集团的大力帮助和鼓励。

Betsy 的支持和投入始终是我最大的动力。

附录 A
粒子有质量，世界有能量

正如我们在第3章讨论过的，$E = mc^2$ 只对静止的孤立物体才成立。[207]
对运动物体，正确的质能方程是

$$E = \frac{mc^2}{\sqrt{1 - \dfrac{v^2}{c^2}}}$$

这里 v 是速度。对于静止物体（$v = 0$），它变成 $E = mc^2$。

当物体 —— 例如，质子和电子 —— 被加速时，v 通常是变化的，但 m 保持不变。因此，该方程告诉我们，E 变了。

乍一听，你可能会觉得这听上去与本书里所讨论的主要内容正好相反。我们说，能量是守恒的，但质量却不是。怎么回事？

能量守恒适用于系统而不是个别的物体。物体系统的总能量包括动能（上述公式给出）和势能项的贡献，后者反映了物体间的相互作用。势能项由其他公式给出，它取决于物体之间的距离、它们的电荷以及其他因素。只有总能量是守恒的。

208　　　孤立物体具有恒定速度。这是牛顿运动第一定律，与第零定律不同的是，它在现代物理学中似乎仍是成立的。当一个物体是孤立的，我们可以将它本身看成一个系统。因此，物体的能量应当守恒，从公式上看也是如此。

　　　相反，当一个物体的速度发生变化时，这一变化是个信号，即物体不再是孤立的了。其他一些物体对它有作用，从而产生速度的变化。一个物体对另一个物体的作用通常引起它们之间的能量转移。这时只有总能量是守恒的，每个单独物体的能量则否。

　　　当我们用夸克和胶子形成质子时，这些概念就都用到了。从根本角度来看，静止的质子是一个存在夸克和胶子相互作用的复杂系统。单个的夸克和胶子质量很小，但这并不意味着整个系统不能拥有大量能量。我们把系统能量称为 E。它在时间上是守恒的，只要整个系统 —— 即质子 —— 是孤立的。或者，我们可以将孤立的质子看成是一个黑盒子：一个具有质量 m 的"物体"。由不同描述引出的这两个量之间存在关系 $E=mc^2$（或 $m=E/c^2$）。

　　　在第2章里，我们考虑了一种严重违反质量守恒的情形。电子和正电子湮没并产生出一堆粒子，其总质量是原先的30000倍。然而，这里能量是守恒的。电子和正电子的初始速度非常接近于光速。因此，根据总的质量能量方程，其能量是非常大的 —— 远远大于 mc^2。碰撞所产生的粒子，尽管质量很大，但运动速度大大减缓了。当你增加了它们的能量然后用质能方程来进行计算时，原始电子和正电子的总能量始终是不变的。（一旦粒子飞离出去，相互作用能或势能就变得很小很小了。)

　　最后，为了完成这一质量和能量关系的讨论，我们必须考虑质量为零的粒子的特殊情况。重要的例子有光子、色胶子和引力子。这些粒子以光速运动。如果我们把 $m = 0$ 和 $v = c$ 代入一般的质量能量方程里，则方程右边的分子和分母均为零，我们得到的是荒谬的 $E = 0/0$。正确的结果是，光子的能量可以取任何值。不同能量的光子既不存在速度上的不同（始终是光的速度 c），也不存在质量上的差异（总是零），而是其频率（即基本电场和磁场的振荡速率）不同。光子的能量 E 与其频率 v 成正比。更确切地说，它们的关系是普朗克-爱因斯坦-薛定谔方程 $E=hv$，其中 h 是普朗克常数。 [209]

　　对于可见光范围内的光子，我们感到它们有颜色上的区别：光子在频谱的红端能量最小，在蓝端能量最大。光子能量下降到超出我们视觉外的部分叫红外光、微波和射频波光子。能量上移，我们称为紫外线、X射线和γ射线。

附录 B
多层多色宇宙超导体

211　　　我们生活在一个奇特的超导体内，它隐藏了世界的对称性。

　　超导体的最基本性质不是其导电性非常优越（尽管它们确实如此）。这个最基本性质是由沃尔什·迈斯纳和罗伯特·奥森菲尔德于1933年发现的，就是所谓的迈斯纳效应。迈斯纳和奥森菲尔德发现，磁场不能渗透到超导体的内部，而只限于其很薄的表层。超导体可以不遵守有关磁场的物理定律。这是它们最基本的性质。

　　超导体得名于一个更加明显和引人入胜的性质，就是它具有维持电流的特殊本领。超导体可以让电流毫无阻力地流过，因此电流可以无限期地维持下去，即使没有电源来驱动它们。下面给出的是迈斯纳效应和这种超导电性之间的关系：

　　如果我们将一个具有超导性质的物体放在外磁场中，那么根据迈斯纳效应，该物体必然会由于某种特性将磁场排开，因此物体体内没有净磁场。物体只能通过自身产生一个大小相等方向相反的磁场来确保这种抵消。但磁场产生于电流。因此为了产生使体内磁场抵消为零的磁场，超导物体必须能够支持电流无限期地存在下去。

因此，电流的这种"超级"流动的可能性源自迈斯纳效应。迈斯 [212]
纳效应更为根本。它是超导体的真正标志。

该迈斯纳效应不仅应用于真实的磁场，而且可以应用到那些出现
量子涨落的地方。因此，作为电场和磁场涨落的虚光子，其性质在超
导体内也需修正。超导体在抵消涨落磁场方面表现得最好。其结果是
在超导体内虚光子极为罕见，而且这个结果可以延伸到比真空空间更
小的距离上。

用网格的观点看世界，则电场力和磁场力都是电荷源与虚光子
（也称为场的涨落）之间相互作用的结果。粒子A影响着它周围的场
的涨落，后者又影响到另一个粒子B，这就是我们关于A和B之间为
何会出现力的最基本的图像，也是你从图7.4的基本费恩曼图所看到
的描述。

因此，在超导体内场的涨落变得罕见及其具有短程特性的事实意
味着，超导体内相应的电场力和磁场力被有效地弱化了。特别是，这
些力已不具有长程特性。

场零化的超流体还使得实际光子在超导体内很难生存。要形成具
有自我更新能力的场涨落（我们知道，这指的就是光子）就需要更多
的能量。在方程里，这个效应表现为光子的非零质量。总之，在超导
体内，光子是重的。

宇宙超导：电弱层

弱作用力是一种短程力。这种力的场，即 W 和 Z 场，在许多方面与电磁场类似。这些场扰动所产生的粒子 —— 即 W 玻色子和 Z 玻色子 —— 类似于光子。它们与光子一样都是玻色子。它们也像光子那样对荷做出响应，只是响应的不是电荷，而是绿色和紫色的色荷，但物理性质相似。它们与光子最明显的区别是，W 玻色子和 Z 玻色子是重粒子。（每个约重达 100 个质子重量。）

短程力，重粒子，是不是听起来很熟悉？一点不错。这些正是超导体内电磁力和光子的属性。

现代电弱作用理论在将超导体内的光子行为与宇宙中 W 玻色子和 Z 玻色子的观测性质进行类比方面做了大量研究。正是根据核心理论的这一部分内容，我们认为虚空 —— 网格 —— 这一实体是一种超导体。

虽然二者间的概念和数学上的平行关系非常深奥，但网格超导性与传统超导性之间在以下四个主要方面存在不同点：

产生　常规超导体需要特殊材料和低温。即使是新型的"高温"超导体，其最高温度也不超过 200 K（室温大约是 300 K）。网格超导体则是随处可见，而且从没有观察到失超现象。理论上说，其维持温度高达约 10^{16} K。

尺度 常规超导体内的光子质量是 10^{-11} 倍质子质量或更小。
W 玻色子和 Z 玻色子的质量约 10^2 倍质子质量。

流动 常规超导体的超流体是电荷的流动。它们产生短程的电磁场，并使光子获得质量。

网格超导的超流体与很不熟悉的荷（紫色弱作用荷和超荷）的流动有关。这些流动可以产生 W 场和 Z 场，因此，W 场和 Z 场产生的力成为短程力，并且 W 玻色子和 Z 玻色子获得质量。

基底 尽管许多细节仍未揭秘，但我们可以从广义上了解常规超导体 214 是如何工作的。（对于许多超导材料，我们已经有详细准确的理论；但对其他一些超导体，包括所谓的高温超导体，这项工作仍处于进展过程中。）具体而言，我们知道它们的超流性质是从哪儿来的。这个超级流是组成所谓库珀对的电子的流动。相反，对于网格超流体是由什么组成的这一点，我们还没有一个可靠的理论。迄今我们没有观察到任何场有这样的性质。从理论上说，这项工作可能是由某个单一的新场 —— 即所谓希格斯场，以及相伴的希格斯子 —— 来实现的，也可能是几个场的共同参与。在别具特色的超对称性理论中，至少有两个场对超流体有贡献，且至少有 5 种粒子与之有关。（用第 8 章的话说，就是有 2 种凝聚体和 5 种不同的场扰动。）事情也可能更加复杂。我们不知道。大型强子对撞机项目的一个主要目标就是要从实验上解决这些问题。

网格超导不涉及强作用色荷，因此零质量的强作用色胶子仍保持非抑制状态。光子也不受影响。与 W 玻色子和 Z 玻色子不同，光子仍保持无质量性质。而 W 玻色子和 Z 玻色子的影响力则在很大程度上受到场零化超流体的抑制并变成短程作用。幸运的是 —— 电气和电子技术（化学方面就更不用了）依靠的是强有力的电磁力 —— 网格超流体是电中性的。

宇宙超导：强弱层

我们可以把这些想法看成是向前迈了非常重要的一步。

215　　从核心理论的电弱理论上看，网格超导的关键性成就是解释了为什么弱力比起电磁力来似乎要小得多，也难理解得多，尽管它们的基本方程似乎立足于同样的基础。（的确，正如我们已经讨论了的，从根本上来说，弱力稍微更强些。）根据核心理论的对称性，下述缩并

$$SU(3) \times SU(2) \times U(1) \rightarrow SU(3) \times U(1)$$

可以解释成从核心理论的基本对称性（强 × 弱 × 超荷）向具有长程结果（强 × 电磁）的转变。

　　在统一理论里，我们与比核心理论的 $SU(3) \times SU(2) \times U(1)$ 更大的对称群[如 $SO(10)$]打交道。随着对称性增加，不同类型的荷之间的转变有了更多的可能性，有更多种类似于胶子／光子／W，Z 等的规范子来实施这些变换。

　　这些额外的规范粒子做的事情很少能够（如果要说有的话）在现实中发生。例如，一个单位的弱作用色荷通过变换变为一个单位的强作用色荷，我们可以将夸克变成轻子或反夸克。荷账本里充满了这样的可能性。因此我们很容易产生譬如质子变成正电子和光子的衰变

$$p \rightarrow e^+ \gamma$$

如果这种衰变发生的速率与典型的弱作用速率相当，那么就可能在一秒钟内发生几次这样的衰变。我们像是有大麻烦了，因为我们的身体会很快蒸发成电子‐正电子等离子体。

　　利用网格超导的新的层级，我们就能抑制不需要的进程，同时保持基本的统一对称性。于是，随着我们从甚小距离出发迈向更长距离，活跃的（未抑制的）场按如下方式缩减

216

$$SO\,(\,10\,) \rightarrow SU\,(\,3\,) \times SU\,(\,2\,) \times U\,(\,1\,) \rightarrow SU\,(\,3\,) \times U\,(\,1\,)$$

　　第二步是我们已经在核心理论里做过的。

　　对于第一步，我们需要更有效的网格超流体。它们必须强烈抑制不需要的强 ↔ 弱色荷变换。当然，这意味着超流体本身的流动与强和弱色荷有关。

　　没有任何一种已知的物质形式能够提供这种超流体。另一方面，我们可以很容易地发明一种新的类希格斯场来进行这项工作。人们也

已尝试过其他想法。也许这些流动是由额外的微型卷曲空间维上的粒子跑动产生的。也许它们是蜷缩在这种额外微型卷曲空间维上的弦的振动。由于所集中的能量需要探针在极短的距离上进行，而这个小尺度要远远小于我们实际所能达到的水平，因此这种猜想很难检验。

　　幸运的是，正如在核心电弱理论情形那样，我们可以采取视超流体为给定，无需推测它的构成的方法来取得良好进展。我在本书的第三部分采取的就是这种哲学。它使我们取得了一些令人鼓舞的成就，并给出了一些具体的预测。如果它能经受得起进一步的检验，我们可以有信心地断言，我们生活在一个多层次、多颜色的宇宙超导体中。

附录 C
从"不错"到（也许）对

萨瓦斯·季莫普洛斯（Savas Dimopoulos）对一些事情总是很热 [217] 情，1981年春，他把热情投在了超对称性上。当时他正在圣巴巴拉访问新落成的理论物理学研究所，我正好也在那里。我们很快就成了好朋友 —— 他脑子里满是各种新奇的想法，我呢，喜欢在认真考虑这些主意方面花脑筋。

超对称性曾是（现在仍是）一个完美的数学设想。问题是运用超对称性对这个世界来说好得有点过了。我们根本没法找到所预言的粒子。例如，我们没见到过具有与电子相同电荷和质量但不同自旋的粒子。

然而，有助于统一基本物理学的对称性原理来之不易，因此理论物理学家不会轻易放弃。基于以前在其他形式对称性方面的经验，我们制订了后备战略，即所谓的自发对称性破缺。在这种处理方法里，我们假设物理学基本方程具有对称性，但方程的稳定解尚付阙如。这种现象的典型例子就是普通的磁体。在描述铁块的物理性质的基本方程里，所有方向都是平权的，但铁块成为磁铁之后，物体就有了明确的极性。

218　　　　自发对称性破缺的一个熟悉而简单的例子是交通道路的规定。人们靠马路哪一边行车原本不是个问题，只要人人都这么做即可。但如果有人靠左行驶而其他人靠右行驶，不稳定局面就出现了。因此左右之间的对称性必须打破。当然在不同的国度，譬如美国和英国，选择可以不同。

　　　要测量自发超对称性破缺的可能性就需要建模 —— 一种提出候选方程并分析其后果的创造性活动。建立一种与我们已知物理现象相协调的自发超对称性破缺模型是一项艰巨的任务。即使你设法打破了对称性，但额外的粒子仍然存在（只是更重），并且引发出各种怪事。在20世纪70年代中期超对称性第一次提出时，我曾着手建模过，但几经尝试失败后，我放弃了。

　　　萨瓦斯在建模方面更具天赋，他具有两个重要的秉性：既不固守简单性，也不轻言放弃。当我认定某个特别困难的问题（让我们称其为A）无法用他的模型来表述时，他会说："这不是什么真正的问题，我相信我能够解决它。"第二天下午，他会带着已解决问题A的详细的模型过来。然后我们会讨论困难B，之后他又会用一个完全不同的复杂模型来解决困难B。为了解决A和B，你必须参与到这两个模型里，但这之后又出现困难C，等等，于是事情很快就变得复杂得难以置信。通过深入分析，我们找出了一些漏洞。于是第二天萨瓦斯就会非常激动和高兴地带着解决了昨天的漏洞的更加复杂的模型过来。最后我们终于用枚举排除的证明方法消除了所有缺陷 —— 任何人，包括我们自己，如果在没有充分认识到找出缺陷的重要性之前就试图分析模型，必将事倍功半。

当我着手将我们的工作写成文章发表时，对于我们处理过的复杂性和任意性，我真切体会到那是怎样的一种不切实际和难堪的感觉。[219] 萨瓦斯从不畏惧，他甚至认为，对于现有的用规范对称性来实现统一的一些想法，如果你试图完全实现它并在细节上使之生效，可能不会真就那么完美，而这些想法在我看来似乎真的富有成效。事实上，在此之前他已经跟另一位同事斯图尔特·拉比（Stuart Raby）谈起过试图通过加入超对称性来改进这些模型！我曾非常怀疑这种"改进"，因为我确信，增加超对称性带来的复杂性会搞糟好不容易取得的规范对称性在解释强力、电磁力和弱力耦合常数相对值方面的成功。于是我们三人决定进行这方面计算，看看能糟到什么程度。为了把握好方向并得出明确的计算结果，我们从最粗略的处理开始做起，就是说整个地忽略掉超对称性破缺的问题。这样我们能够使用非常简单的（但显然不合实际的）模式来进行。

结果是惊人的，至少对于我来说是这样。超对称版本的规范对称性模型虽然大大不同于原模型，但给出的耦合度却几乎完全相同。

这是转折点。我们放下"没有错"的复杂的自发超对称性破缺模型，写了一篇短文，严格来讲（非破缺超对称性），它并不正确。但它给出了一个结果，这个结果是如此简单并成功，以至于让人觉得把统一理论和超对称性放在一起的设想似乎（也许）是正确的。我们将超对称性如何被打破的问题推后了。今天，尽管在这个问题上有了一些好的想法，但普遍认可的解决办法还没有出现。

在我们的初步工作之后，对耦合度的更精确的测量已经有可能对带和不带超对称性的模型的预言结果进行区分。带超对称性的模型效果要好得多。我们都热切期待着欧洲核子研究中心（欧洲粒子物理实验室）的大型强子对撞机的运行结果。如果这些想法是正确的，那么新的超对称性粒子 —— 或者你可以称其为超空间的新的维度 —— 必然会显现。

220　　　在我看来，这个小插曲是179°大转弯，因此与波普尔倡导的通过证伪理论来取得进展的思想大相径庭。相反，在许多情况下，包括某些最重要的情形下，我们会因为认识到应当直接忽略掉某些触目的问题而突然认定我们的理论可能是对的。在戴维·格罗斯（David Gross）和我决定提出基于渐近自由的量子色动力学，暂不考虑夸克禁闭的问题时，我们遇到了类似的转折点。当然，那是另一个故事了……

术语解释

加速度　速度的变化率。因此加速度是位置的变化率的变化率。牛顿在力学上的核心发现是，支配加速度的定律往往比较简单。

（量子）振幅　量子力学能够对各种事件发生的概率进行预言，但量子力学方程给出的是振幅，而不是概率。更确切地说，概率是振幅的平方。（振幅通常是复数，因此概率是其模的平方）。术语"振幅"通常用来描述各种波的高度，如海浪、声波或无线电波等。量子力学振幅则是量子力学波函数的高度。进一步讨论和范例请参阅第 9 章。［另见波函数］

反物质　我们通常所说的物质——即物体的构成基元——是指电子、夸克、光子和胶子等基本粒子。反物质是指与这些粒子相应的反粒子，即反电子（又名正电子）、反夸克、光子和胶子。（注：光子和胶子是它们自己的反粒子。更准确地说，一些胶子是其他胶子的反粒子；所有 8 个胶子构成一个完备集。）［另见反粒子］

反粒子　某一粒子的反粒子与该粒子具有相同的质量和自旋，但其电荷和其他的守恒量取负值。历史上发现的第一个反粒子是反电子，也被称为正电子。狄拉克先从理论上预言了它们的存在，随后卡尔·安德森在宇宙射线里观察到这种粒子。量子场论的一个结果是，每种粒子都有一种相应的反粒子。光子是其自身的反粒子，可能是因为光子是电中性的。粒子-反粒子对的所有守恒量子数可以为零值；因此，它们可以从单纯的能量中产生，也可以从量子涨落（虚粒子对）中自发产生。

反屏蔽　屏蔽的反面（见屏蔽）。与屏蔽减弱给定电荷的有效作用力相反，反屏蔽增强色荷的作用力。因此反屏蔽能够使一个弱色荷在远离后变强。色荷的反屏蔽是渐近自由概念的核心，这是量子色动力学的重要特点。［亦见色荷，量子色动力学］

渐近自由　说明强相互作用在很短距离上变弱的概念。更具体地说，支配强相互作用力的有效色荷在距离变得越来越短时会变得越来越小。换句话说，给定的孤立电荷的力在远处最强。物理上看，这是因为源荷感应出虚粒子云来反屏蔽它。渐近自由的结果是，色荷快速移动引起的沿移动方向的辐射（"软"辐射）是常见的，而改变能量动量流总体方向的辐射则是罕见的。软辐射使夸克配对而形成强子；但总能量动量流的模式则由基本夸克（和反夸克及胶子）确定。所以，我们"见到"的夸克和胶子——不是看见单独的粒子，而是它们触发的喷注。［另见不带电的荷，喷注］

轴子　理论上预言的假想粒子，用来修补核心理论（即关于强作用的 P、T 问题的理论）的审美缺陷。轴子被认为与普通物质的相互作用非常弱，是在大爆炸中产生的，其密度与暗物质所要求的密度基本相合。因此轴子是暗物质的一种有力的备选者。

重子　强相互作用粒子（强子）的两种基本实在之一。重子基本上可以认为是由 3 个夸克组成的。更准确地说，它们是 3 个夸克与网格取得平衡的结果。重子的完整的波函数除了包含 3 个夸克之外，还有任意数量的夸克-反夸克对和胶子。质子和中子这些

原子核的建筑构件都是重子。[另见强子]

平移变换   造成使得一个系统，包括其所有组成部分，以恒定速度运动的变换。按照现代狭义相对论的观点，任何系统都具有平移不变性。因此物理定律在平移变换前后看上去是一样的。结果，我们无法单纯通过研究一个封闭、孤立系统内的物理行为来判断该系统运动得有多快。

玻色子   量子理论，尤其是量子场论，用以描述两个绝对相同或不可区分的物体的新颖概念。比如说，如果在给定时刻有两个光子分别处在 A 态和 B 态，在下一时刻它们分别处在 A′ 态和 B′ 态，我们不能说所涉及的转换到底是 A→A′，B→B′ 还是 A→B′，B→A′。我们必须考虑所有这两种可能性。玻色子之间的叠加相当于其振幅相加；费米子之间的叠加相当于其振幅相减。光子是玻色子。由此可知光子偏好处在相同的态，叠加后的幅度增加一倍。激光就是利用这种效应产生的。与光子一样，胶子、W 子和 Z 子都是玻色子，介子和假想的希格斯子也是。我们常说，玻色子服从玻色统计，或称为玻色-爱因斯坦统计，用以纪念两位物理学先驱，他们揭示了由许多全同粒子组成的系统的行为的意义。

荷   在电动力学里，荷是粒子对电场和磁场做出响应的物理属性。（磁场只对移动的荷做出响应。）在量子电动力学里，我们可以简单地说，荷只是光子关心的事情。电荷可以是正的也可以是负的。携带同号电荷（无论是正或负）的粒子之间相斥，而携带反向电荷的粒子之间相吸。荷的一个重要性质是它的守恒性。每一种基本粒子都携带一定数量的荷——也可能为零——这是粒子的一种稳定的属性。例如，所有电子都有相同数量的电荷，通常用 -e 来表示。（容易混淆的是，一些作者仅使用 e 而不加负号。据我所知，这方面没有公认的约定。）质子有电荷 e，符号与电子相反。体系的总电荷就是其所有成分携电荷的简单相加。因此含有相同数目质子和电子的原子的总电荷为零。在强相互作用理论里，另有 3 种荷，称为色荷或简称为色，它们在理论中发挥着核心作用。色荷也有类似于电荷的性质，例如，它们是守恒的。在量子色动力学里，色荷是胶子关心的事情。[亦见场，电动力学，色，色动力学]

荷账本   为夸克和轻子建立的统一账户所起的一个异想天开的名字，这一账户能够充分说明强作用荷（色）、弱作用荷和电磁荷的模式。其数学结构是 SO（10）的旋量表示加上 SU（3）×SU（2）×U（1）子群的特定选择。子群的特定选择规定了核心理论在统一理论中的位置。如果我们允许现有的变换和较小的核心对称性，那么统一荷账本就将分为 6 个互不相关的部分，这样电荷（或等价的超荷）就得不到解释。[亦见统一理论]

不带荷的荷   渐近自由概念的结果。给定源的有效色荷随距离增大而减小。非零距离上荷的一个非零有限值相当于零距离数学极限下的零荷。因此，一个不带荷的点源可以产生出荷。神技堪比柴郡猫[1]。

色动力学   描述色胶子场运动的理论，其中包括对色荷和色荷流（荷的流动）的响应。这是关于强作用力的公认理论。数学上看，色动力学是对电动力学的推广。由于量子理论在色动力学的所有应用方面都很重要，因此通常也称为量子色动力学，或简称为 QCD。[亦见强力]

色   ①一种基本物理属性，类似于电荷，但二者不同。存在 3 种色电荷，通常被称为红色、白色和蓝色。夸克带有一个单位的其中一种色荷。胶子带有一个单位的正色荷和一个单位的反色荷，两种色荷可能分属两种不同的色。②当然，日常生活中说的色指的是完全不同的东西。这里色是电磁辐射的频率，而且这种频率属于太阳辐射峰值

---

1. Cheshire cat，柴郡猫，刘易斯卡罗尔（Lewis Carroll）于 1865 年所著《爱丽丝漫游奇境》（*Alice's Adventures in Wonderland*）中一只具有突然隐身和闪现能力的猫。爱丽丝叫它不要那么快隐身和闪现，它就以极慢的速度消失直到最后只留下大笑。——译者注

　　　　　　　　所对应的窄带范围。这有点玩笑意思在里面。其实日常使用的"色"是一种前科学的概念。它是指我们的眼睛和大脑对这种电磁辐射的反应。[见荷，色动力学]

禁闭　　　　　　从来没有观察到孤立夸克的事实。更确切地说，对于任何可观察态，夸克的数目与反夸克的数目之差是 3 的倍数。禁闭是色动力学的一个数学结果，但不是很容易解释。

守恒律　　　　　如果孤立系统中的一个物理量其数值不随时间改变，那么这个量就叫守恒量。电荷、能量和动量都是守恒量的很重要的例证。守恒律极其重要，因为它们提供了量子网格持续不断的通量的稳定标志。

核心理论　　　　我们关于强作用、电磁作用、弱作用和引力作用的有效理论。其基础是量子力学、3种局域对称性——具体来说，就是变换群 SU（3）、SU（2）和 U（1）——和广义相对论。核心理论给出了支配我们迄今已知的所有基本过程的精确方程。其预言已在许多实验中得到检验，并被证明是准确的。核心理论包含了一些审美缺陷，所以我们希望它不是自然界的最后的语言。（事实上也不可能是，因为它不能说明暗物质。）

宇宙项　　　　　广义相对论方程的逻辑延伸。用几何学语言来说，宇宙项既鼓励也不鼓励（取决于其符号）时空的均匀膨胀。另外，宇宙项还可以解释为（正或负的）能量密度对度规场的影响的一种表达。密度 ρ 与其相伴的压强 p 之间有关系"好脾气方程" $\rho=-p/c^2$。

暗能量　　　　　天文观测表明，宇宙的大部分质量，大约全部质量的 70%，是均匀分布的，而且极其透明。另一方面，独立观测表明宇宙在加速膨胀，我们可以将其归因于负压。这些效应的大小和符号符合好脾气方程。因此，到目前为止的观测结果可用宇宙项来描述。但逻辑上存在这样的可能：未来的观测将表明，密度或压强不是一成不变的，或者说它们并不与好脾气方程相关。"暗能量"的引入就是要避免预先判断这些问题。

暗物质　　　　　天文观测表明，宇宙中很大一块质量，约占总量的 25%，分布得要比普通物质更加广泛，而且非常透明。普通物质组成的星系包裹在绵延的暗物质晕里。总体上看，暗物质的质量约为可见星系质量的 5 倍。还可能存在独立的暗物质凝聚。有可能成为有趣的暗物质候选对象的包括大质量的具有超对称性的弱相互作用粒子（WIMPS），或轴子。[见超对称性，轴子]

狄拉克方程　　　保罗·狄拉克在 1928 年提出的方程，源于对薛定谔的电子量子力学波函数方程的修正，目的是要与平移对称性（即狭义相对论）相协调。大致上说，狄拉克方程是薛定谔方程的 4 倍——更确切地说，它是 4 个互相联系的一组方程，支配 4 种波函数。狄拉克方程组的 4 个部分自动说明这 4 个部分的粒子和反粒子的自旋（上或下）结合起来。对狄拉克方程稍加改动就可以用来描述夸克和中微子。在当今的物理学中，我们将狄拉克方程理解为产生和消灭电子（或等价地消灭和创造正电子）的场方程，而不是作为个别粒子的波函数方程。

电动力学　　　　描述电场和磁场运动以及它们对电荷和电流（电荷的流动）响应的理论。它也可以被理解成是光子场的理论。一切形式的光，包括无线电波和 X 射线，现在都可以理解为电场和磁场的运动。电动力学的基本方程是由麦克斯韦发现并由洛伦兹完善的。[见电荷，麦克斯韦方程]

电子　　　　　　物质的基本组成部分。电子携带普通物质中所有的负电荷。它们占据了原子中原子核外的大部分空间。电子很轻，比原子核更容易移动；所以它们是化学和电子学过程中最为活跃的因素。

电弱理论　　　　支配弱相互作用和电磁相互作用的现代理论。有时它也被称为"标准模型"。电弱理论有两个主要概念。一个是方程被局域对称性支配，由此导致麦克斯韦方程和杨–米尔斯方程。另一个是将空间视为某种古怪的超导体，大致上说，这种超导性缩短了相互作用的距离，遮蔽了它们的影响。（另一个重要概念是相互作用是有手性的。

这是个相当专业的技术词汇，我不在这里描述它。它带来的最重要的结果是弱相互作用违反宇称（即左右对称性）。有时我们说电弱理论统一了量子电动力学和弱作用理论，但更准确地说应是它混合了它们。[见弱力]

| 能量 | 物理学里的一个核心概念。尽管它现在变得非常重要，但在它首次提出时却是那么的不起眼，不禁令人惊奇。的确，现代意义上的能量及其守恒性概念只是到了19世纪中叶才开始出现的。能量的原始和最明显的形式是与粒子运动相关联的动能。（在前相对论力学里，物体的动能被规定为质量与速度平方之积的一半。而在相对论公式里，动能还包括静能量，见附录A的讨论。）当有力作用到物体上时，物体的动能一般要发生变化。但对于特定类型的力（即所谓"保守"力），我们能够定义一个仅依赖于位置的势能函数，这样，动能和势能的总和是守恒的。推而广之，对于一个物体系统，就特定的力而言，系统的总动能与系统内各物体位置所决定的势能之和是守恒的。热力学第一定律断言，能量是守恒的，尽管它可以以热的形式隐藏起来，热表现为一种尺度非常小的、难以用肉眼观察到的物体内的运动。实际上，热力学第一定律认为，自然界的基本力永远是守恒的。这一大胆的假设是在基本力的性质完全弄清楚之前就提出了，它说明热力学是成功的。[见：耶稣信条]

在现代物理学理论里，能量是一个基本概念，其地位相当于与之紧密关联的时间。例如，能量为 E 的光子历经一个完整的电性扰动振荡周期所需的时间 t 与 E 之间有关系 $Et = h$，其中 h 是普朗克常数。在这些理论里，能量守恒反映了方程在时间变换下的对称性——用日常语言来说就是，该定律不随时间改变。

你可能奇怪：如果物理学基本定律能确保能量守恒，为什么人们还要呼吁采取措施节约能量呢？毕竟，物理学定律被认为是自动实现的！这里的关键是，能量之所以有用是因为它存在不同的形式，特别是随机运动（热）不是轻易地就可以做有用功。物理学要求人们最好是尽量减少他们的熵产生。[见熵] |

| 熵 | 混乱度的一种量度。[见有关热力学的图书，或查阅维基百科（Wikipedia）] |

| 以太 | 空间的填充材料。在物理学家能够自如运用场的概念之前，以太被用来作为实在的基本要素以便建立起电场和磁场的力学模型。他们推测，电场和磁场描述的是更基本的粒子状物体的运动，就像用液体的密度和流场来描述原子运动和重排。这些模型越搞越复杂，但却从来没有起过作用，因此，"以太"概念背了坏名声。但是在现代物理学里，空间填充介质是最基本的实在。这种媒介本质上完全不同于经典以太概念，所以我给它起了个新的名称：网格。 |

| 费米子 | 量子理论，尤其是量子场论，给所谓绝对相同或不可分辨的两个物体的概念带来了全新的内涵。比如说，如果你有两个电子，它们在给定时刻的态是A和B，在下一时刻的态为 A′ 和 B′，你不能说所涉及的转换是 A→A′，B→B′ 或 A→B′，B→A′。而是必须考虑两种可能性。对于玻色子，是二者的振幅相加，对于费米子则减去。电子是费米子。因此按泡利不相容原理：两个电子不能处于同一种状态，否则振幅将完全抵消。泡利不相容引出电子之间的有效斥力（量子统计排斥），它很好地解释了原子中不同的电子占据不同的态的事实，而这又反过来解释了为什么化学反应形式特别丰富和复杂的事实。不仅是电子，所有的轻子和夸克以及它们的反粒子都是费米子。质子和中子当然也是。这就是为什么核化学是如此丰富和复杂的主要原因。我们说，费米子服从费米统计，或费米-狄拉克统计，正是这两位物理学先驱揭示由许多全同粒子组成的系统的行为的意义。 |

| 费恩曼图 | 费恩曼图是量子场论用来描述过程的一种图示性简化表示法。它由连接节点（也称为顶点）的线组成。这些线表示粒子在时空中的自由运动，节点表示相互作用。利用这一解释，费恩曼图描述了（实际或虚拟的）粒子在时空中相互作用的可能过程及其量子态可能的变化的结果。对于给定的费恩曼图，有精确的规则将概率幅分配到图所描述的过程上。根据量子理论法则，概率幅的平方就是发生所对应过程的可能性。 |

| 场 | 一种充满空间的实体。场的概念是在19世纪通过法拉第和麦克斯韦关于电和磁的工 |

作引入到物理学里来的。他们发现，如果引入这样一种概念，即认为存在充满空间的（看不见的）电场和磁场，那么电和磁的定律就可以变得非常简单。电荷在空间某点所感受到的力是该点上电场强度的量度。但在法拉第-麦克斯韦的概念里，不论带电粒子是否感觉到它，场都在那儿。因此场有它自己的寿命。这一概念的丰硕成果很快就出现了，当时麦克斯韦发现，电场和磁场的自我更新扰动可以解释为光，与任何物质电荷或电流无关。

在量子电动力学里，电磁场可以产生和消灭光子。更一般的，我们感觉为粒子（电子、夸克、胶子等）的各种激发态可以由各种类型的场（电场等）来产生和消灭，因此场是最基本的实体。这使我们从根本上认识到，宇宙中任何地方的任何两个电子都具有完全相同的基本属性，因为它们是由同一种场产生的！

有时物理学家或工程师会声称，譬如说"我已经将特殊屏蔽实验室内的电场和磁场降到零"。不要搞错！它实际上是说这些场的平均值已为零；然而电磁场作为实体仍然存在。特别是电磁场仍将对屏蔽罩内的电流做出响应，而且它仍然会对量子涨落即虚光子有反应。同样，在外部深空间，电场和磁场的平均值是零或者接近于零，但场本身是无限扩展的，并支持光线在任意大距离上传播。（场在某一点消灭光子，并在另一点上创建一个新光子……）［见量子场］

菲茨杰拉德-洛伦兹收缩　　一种在静态观察者看来动体结构沿运动方向会被压缩（收缩）的效应。为了解释动体电动力学的某些观测结果，菲茨杰拉德和洛伦兹假定存在这样一种效应。但爱因斯坦证明了，菲茨杰拉德-洛伦兹收缩实际上是狭义相对论下麦克斯韦方程所隐含的平移对称性的逻辑结果。

味　　在当今的物理学里，夸克和轻子的一个甚少为人理解的三值属性，它与粒子的荷无关。例如，U 夸克有 3 种不同的味——u（上）、c（粲）和 t（顶）。每种味有相同的电荷 $2e/3$ 和一个单位的色荷（红或白或蓝）。此外，D 夸克也有 3 种味——d（下）、s（奇异）和 b（底），每种也分别有 3 种色和电荷 $-\frac{e}{3}$。同样，轻子有三种味——e（电子）、μ（μ 子）和 τ（τ 轻子）——它们有电荷 $-e$ 但没有色荷，最后，3 种中微子既没有电荷也没有色荷。这些群体里的每一种，不同味道的粒子有本质上相同的相互作用。它们有不同的质量，有时差异还很大（如 τ 就要比 μ 重至少 35000 倍）。弱相互作用允许不同的味之间变换。现在还没有一种好的理论能够解释为什么它们的质量差异是如此之大。

虽然 W 玻色子的味能够改变，但要将味在弱相互作用中的作用等同于色在强相互作用中的作用，那就大错特错了。W 玻色子并不直接对味的性质做出响应，而是对另一种色荷即我所说的弱色荷对做出响应。说 W 玻色子变味不过是一句玩笑，也就这么一说而已，并非是指有什么东西在驱动它们。具有相同的荷的粒子阵列为什么会构成 3 代关系以及 W 玻色子变味的游戏规则是什么，这些仍不清楚。

力　　①在牛顿物理学里，力被定义为加载在一个物体上使之加速的原因。这一定义是富有成效的，并且仍然有用的，因为在许多情况下，力的概念可以使我们对因果关系的理解变得简单。例如，一个孤立的物体不受力——这一陈述相当于牛顿运动第一定律，后者说的是，一个孤立的物体保持恒定速度的运动状态。②在现代基础物理学里——特别是在核心理论及其扩展的统一模型里——旧的力的概念不再有效。但仍用这个词来表示像"强力""弱力"等这样的概念，物理学家通常用它们来代指更抽象的"强相互作用"等。本书中我也是在这个意义上使用这个词的。

规范对称性　　［见局域对称性］

广义相对论　　爱因斯坦的引力理论，其基础是弯曲时空或称为度规场的概念。在场的框架下，广义相对论与电磁理论很相似。但是与电磁理论基于电场和磁场对电荷和电流的响应不同，广义相对论是基于度规场对能量和动量的响应。［亦见度规场］

胶子　　一组传递强力的 8 粒子中的一个。胶子具有类似于光子的性质，只是它们对色荷而

	不是对电荷做出响应（和变化）。胶子方程有巨大的局域对称性，这在很大程度上决定了其形式。［亦见色，局域对称性，杨－米尔斯方程］
网格	我们认为是真空的实体。当前最深刻的物理理论揭示出，真空是高度结构化的；事实上，它似乎已成为实在的基本要素。整个第 8 章全是关于网格的。
强子	基于夸克和胶子的物理粒子。（夸克和胶子本身是不可数的，因为它们不能孤立地存在。）目前观察到的强子有两种基本类型：介子和重子。介子是由一个夸克和一个反夸克借助网格实现平衡而形成的。重子则是由 3 个夸克通过网格实现平衡而组成的。现已观测的不同的介子和重子多达数十种。几乎所有强子都具有高度的不稳定性。还可能存在由 2 个或 3 个胶子形成的"胶子球"。这种胶子球能否观察到目前还有争议——我们看到的粒子均不能明确贴上这个标签！
希格斯子	使真空空间成为弱力的宇宙超导体的场的激发态（到目前为止，这还是个假说）。
节点	（实际或虚拟）粒子相互作用的时空点。在费恩曼图中，节点是三根或更多根线交汇的地方。粒子相互作用理论给出了什么样的节点有可能存在的规则以及与此相关的数学因子。在专业文献里，节点通常称为顶点。［另见费恩曼图，顶点］
超荷	与对称性相关的几种粒子的平均电荷。在统一理论中，超荷是比电荷更为基本的荷；但要阐明它们之间的区别则超出了本书所述的技术难度。
耶稣信条	"请求宽恕的人比请求许可的人更值得祝福。"这是一个深刻的真理。
喷注	一组可以明确识别的、沿几乎同一方向运动的粒子。粒子的喷注通常以加速器中高能碰撞的产物形式出现。渐近自由概念容许我们将喷注解释为基本夸克、反夸克和胶子的可视性表现。
LEP	大型电子对撞机的缩写。日内瓦附近的欧洲核子研究中心的欧洲大型实验室的 LEP 运行于 20 世纪 90 年代。粗略地说，它拍摄真空的照片，探测器的灵敏度甚至比斯坦福直线加速器（SLAC）的还要高。为了做到这一点，电子及其反粒子（正电子）被加速到巨大的能量，然后相互湮没，在极其微小的体积里产生出强烈的能量闪光。LEP 是一种产生创造性破坏的机器。人们通过 LEP 上的实验以非凡的定量精度来检验和建立核心理论。［见 SLAC］
轻子	e（电子）、μ（μ子）和 τ（τ轻子）及其中微子中的一个。这些粒子的色荷为零。电子、μ子和 τ 轻子都有电荷 -e。中微子带零电荷。它们都参与弱相互作用。 　　它们有很好（但不完美）的守恒律，按照这一守恒律，电子-反电子总数加上电子中微子-电子反中微子的总数在时间上保持不变（即使其中个别粒子的数目可能会改变），μ子和 τ 的情形也同样。例如，μ 子衰变的最终产物是一个电子、一个 μ 子中微子和一个电子反中微子。无论是初态还是终态，μ 子的轻子数均为 1，电子的轻子数均为零。但这些"轻子数守恒律"在中微子振荡现象中失效。统一理论曾预言到轻子数守恒有小的破缺。因此对它的实验观测结果使我们有信心认为这些理论是正确的。［见中微子］
LHC	大型强子对撞机的缩写。LHC 利用了欧洲核子研究中心旧的 LEP 的隧道。它使用质子而不是电子和正电子来进行碰撞从而达到更高的能量。如果 LHC 不能做出大的发现，就让人奇怪了。至少，我们应当找出构成网格的奇异的超导体。
局域对称性	允许在不同时空区域之间进行独立变换的一种对称性。局域对称性是一个非常重要的必要条件，很少有方程能够满足。反之，通过假设局域对称性，我们可以导出非常具体的麦克斯韦型和杨－米尔斯型方程。正是这些方程刻画了核心理论和世界。由于一些令人感兴趣但不为人知的历史原因，局域对称性也叫规范对称性。［见对称性，麦克斯韦方程组，杨－米尔斯方程］

质量　　　　　　粒子或系统的一种性质，它是对其惯性的一种量度（即粒子的质量告诉我们要改变粒子的速度有多困难）。数百年来科学家一直以为质量是守恒的，但现在我们知道这不对。

无质量的质量　　现代物理学中为了强调非零质量可以从零质量构件中产生而提出的一个概念。

麦克斯韦方程　　支配电场和磁场行为以及它们对电荷和电流响应的方程组。整个方程组的完备形式是麦克斯韦于 1864 年得到的。他通过引入新的效应，将当时已知的电性、磁性、电荷和电流及其相互影响统一成一个与电荷守恒律相容的体系。麦克斯韦原先的体系有点混乱，因此方程的基本（深刻）简单性和对称性并不明显。后来，许多物理学家，特别是赫维赛德、赫兹和洛伦兹等，通过进一步整理，麦克斯韦方程组才有了我们今天看到的这种形式。这一方程组经受住了量子革命的考验，尽管对电场和磁场的解释有了变化。［另见场］

介子　　　　　　强相互作用粒子的一种类型，也叫强子。［见强子］

度规场　　　　　一种用来规定时空点上时间单位和（各个方向上）距离单位的度量场。因此，只要有了量尺和时钟，空间本身就存在了。普通的尺和时钟只不过将这种底层结构变成了可用的形式。质量会影响到度规场，反之亦然。广义相对论描述了它们彼此间的相互作用，并给出了引力的可观察效果。［另见广义相对论］

动量　　　　　　物理学的一个核心概念。动量的原始和最明显的形式是与粒子运动有关的动理学动量。在非相对论性力学中，物体的动理学动量被规定为它的质量乘以其速度。牛顿称动量为"运动的量"而且出现在他的第二定律里：物体动量的变化率等于它所受到的力。在狭义相对论里，动量与能量密切相关。在动参考系下，能量和动量彼此混合，就像时间和空间混为一体一样。孤立系统的总动量是守恒的。

　　　　　　　　在现代物理学理论里，动量似乎成了基本概念，其地位如同与之紧密相关的空间。例如，动量为 p 的光子历经一个完整的电性扰动周期所走过的距离 d 与 p 之间有关系 $pd = h$，其中 h 是普朗克常数。在这些理论里，动量守恒反映了方程在空间变换下的对称性——用日常语言来说就是，该定律不随空间改变。［对比能量］

中微子　　　　　一种既不带电荷也不带色荷的基本粒子。中微子是自旋为 1/2 的费米子。中微子有 3 种不同的类型或味，与 3 种味的带电荷的轻子（电子 e，介子 μ 和 τ 轻子）相伴。在弱相互作用里，带电荷的轻子及其反粒子可以转化为中微子及其相应的反轻子，但轻子数总是守恒的。［见轻子］太阳会辐射出大量的中微子，但是它们的相互作用及其微弱，以至于几乎所有这些粒子都能自由穿过太阳，更不用说穿越地球了，如果地球正好处于它们经过的路径上。但在一些青史留名的实验中，确实探测到中微子之间相互作用的部分效应。最近发现，不同类型的中微子在长距离传播过程中，会通过振荡从一种形式变成另一种（例如，电子中微子可能演变成一个 μ 子中微子）。这种振荡不遵守轻子数守恒律。但它们的存在和大致的振幅与统一理论的预期是一致的。

中子　　　　　　易于识别的夸克和胶子的结合体，是普通物质的一个重要组成部分。单个中子是不稳定的，会在约 15 分钟的寿命内衰变到质子、电子和电子反中微子。但原子核中的中子是非常稳定的。［比较质子］

普通物质　　　　生物学、化学、材料科学与工程以及大部分天体物理学所研究的物质。当然，我们人类和他们的宠物和机器也是由这种物质构成的。普通物质由 u 夸克和 d 夸克、电子、胶子和光子组成。我们有一个准确而完整的普通物质理论：核心理论的核心。

核子　　　　　　原子中很小的中心部分，这里集中了所有的正电荷和几乎所有的质量。

粒子　　　　　　网格中的局域扰动。

光子　　　　　　电磁场的最小激发态。光子是光的最终单位，有时也称为光"量子"。（顺便说一句，量子跳跃是一个非常小的跳跃。）

普朗克常数   在量子理论中发挥核心作用的物理学常数。例如，它会出现在关系 $E=h\nu$ 中，这里 E 是光子的能量，ν 代表光的频率；或出现在关系 $p=h/\lambda$ 中，这里 p 是光子的动量，λ 代表光的波长。

普朗克单位   由出现在物理定律里各物理量的值而不是从参考对象导出的长度、质量和时间单位。因此，我们不需要一个标准的"米尺"来比较长度，也不需要利用地球的自转来确定时间单位，同样也不需要用千克的原器来校准衡器。普朗克单位由光速 c、普朗克常数 h 和牛顿万有引力常数 G 经赋予适当权重和比率而构成。普朗克单位不使用在实际工作中，这是因为普朗克长度和普朗克时间单位实在是太小了；普朗克质量单位用在原子水平上显得太大，而用在人类水平上则又小得出奇。但普朗克单位在理论上非常重要。它们对数值计算普朗克单位下的质子质量数值提出了挑战（不存在计算以千克为单位的质量的可能性，因此，按千克计算质子质量的"问题"少有人提出）。

     如果我们将现有物理学定律外推到无法检验其正确与否的范围上，我们会发现，在小于普朗克长度和时间尺度上，比起其平均值，度规场的量子涨落变得更加重要，因为此时长度和时间的操作意义已变得模糊不清。正如本书所讨论的，当我们在普朗克距离尺度上用普朗克单位来测量时，有明显迹象表明，自然界不同的力是统一的——具体地说是它们的幂次变得相同。

质子   夸克和胶子的一种非常稳定的结合。质子和中子一度曾被认为是基本粒子，现在我们认识到它们是复杂的客体。人们可以用如下概念建立起有用的原子核模型：原子核是质子和中子的约束系统。质子和中子具有几乎相同的质量；中子比质子约重 0.2%。质子有电荷 e，其多少与核外电子同，但符号相反。氢的原子核是单个质子。质子的已知寿命至少长于 10^{32} 年——远远长于宇宙的寿命——但统一理论预言，质子的寿命不会远长于现有的极限，检验这一预言的实验目前正在进行。

QCD   量子色动力学的简称。［见色动力学］

QED   量子电动力学的简称。它是结合进量子理论的电动力学。现在电磁场里既有自发活动（虚光子）也有来自离散的类粒子单位（真正的光子）的扰动［亦见电动力学，光子，量子场］

量子场   服从量子理论法则的充满空间的实体。量子场是量子力学和狭义相对论相结合的产物。量子场之所以不同于经典场，在于它们展现了无时无处不在的自发活动，这种活动也被称为量子涨落或虚粒子。其核心理论是依据量子场来系统化的，它总结了我们目前对基本过程最好的理解。粒子似乎只是次要的结果；它们是基本实体即量子场的局域扰动。

     量子场论有些既不遵循量子力学也不遵循经典场论的一般性结果：粒子类型在整个宇宙和所有时间上都存在（例如，所有的电子有完全一样的性质）；存在量子统计［见玻色子，费米子］；存在反粒子；粒子不可避免地伴随着力（例如从电性力和磁性力的存在可导出光子）；粒子转变无处不在（量子场产生和销毁粒子）；相互作用协调的定律必须具有简单性和高对称性；以及渐近自由［见渐近自由］等。正如我们看到的，量子场论的所有这些结果都反映了物理实在的各个重要方面。

夸克   与胶子一起构成强作用力（实验层面）或量子色动力学（理论层面）的主角。它们是自旋为 1/2 的费米子。U 夸克有 3 种不同的味——u（上）、c（粲）和 t（顶）——其中每一味都具有相同的电荷 $2e/3$ 和一个单位的色荷（红、白或蓝）；此外，D 夸克也有 3 种不同的味——d（下）、s（奇异）和 b（底），每一味也有 3 种色和电荷 $-\frac{e}{3}$。弱作用过程可以将一种味变成另一种。因此（色）胶子改变夸克的色荷但不改其味，而 W 玻色子变味而不改其色。夸克不能直接被观察到，但会在喷注上（实验方面）留下它们的印迹，并被用作建造可观察强子的构件（理论方面）。所有核心的相互作用都保持夸克减去反夸克后总数的守恒。这就是所谓的"重子数守恒"，它确保质子的稳定性。统一理论一般认为，存在夸克到轻子转变的相互作用，并由此可

能导致质子的衰变。但到目前为止，这种衰变还没有被观测到。[见所有下划线条目]

RHIC　　　　相对论性重离子对撞机的缩写。RHIC 位于长岛的布鲁克海文国家实验室。在非常小的体积和非常短的时间内发生的这种 RHIC 碰撞提供了与宇宙大爆炸极早期相似的极端条件。

薛定谔方程　　电子波函数的近似方程。薛定谔方程不满足平移对称性，也就是说它与狭义相对论不协调。但它提供了对速度不是很快的电子的好的说明，而且比更准确的狄拉克方程更容易掌握。薛定谔方程是量子化学和固体物理学大多数实际工作的基础。

屏蔽　　　　　正电荷吸引负电荷，从而使电荷被抵消（屏蔽）。这样，正电荷的全部电性力只有在电荷附近才能感受到，离电荷较远的地方力变得很弱，因为大部分力被集聚的负电荷抵消掉了。屏蔽概念在金属理论中非常重要，因为金属中含有可移动的电子。这个概念对"虚空"即网格也非常重要。在此情形下，负的荷是由虚粒子充当的。虽然具体的虚粒子呈此起彼伏的状态，但虚粒子总数是稳定的，并使得网格成为一种动力学介质。[亦见反屏蔽，网格，虚粒子]

SLAC　　　　斯坦福直线加速器中心的简称。这个装置曾在核心理论的建立过程中起到关键性作用。弗里德曼、肯德尔、泰勒和其合作者正是在这个装置上得到了质子内部结构的高分辨快曝光相片，从而引领我们走上了量子色动力学的道路。实际上，他们用的这台两英里长的电子加速器提供的是一部超级闪光纳米显微镜。

自旋　　　　　基本粒子的自旋是对其角动量的一种量度。角动量则是一个与空间转动有关的守恒量，它与（普通）动量在空间平移下的守恒关系非常相似。[亦见动量]在经典力学里，物体的角动量是对物体的角运动的量度。基本粒子的自旋值是 $h/2\pi$ 的整数或整数加 1/2 倍，这里 h 是普朗克常数。自旋的大小是每种类型粒子的一个稳定特征。轻子和夸克的自旋值是 1/2，因为它们的自旋是 $h/2\pi$ 的 1/2 倍。质子和中子也有自旋 1/2。光子、胶子、W 玻色子和 Z 玻色子的自旋为 1。介子和假设的希格斯子的自旋为 0。光的偏振就是光子自旋的物理体现。

　　　　　　　孤立物体的角动量是一个守恒量。要改变其角动量我们必须施以力矩。快速旋转的陀螺有很大的角动量，这正是它们具有不同寻常的反抗外力能力的主要原因。

自发性对称破缺　当一组方程的稳定解的对称性小于方程自身的对称性时，我们说它的对称性是自发破缺的。值得注意的是，如果能量条件有利于形成凝聚或背景场，就像第 8 章和附录 B 中所讨论的情形，那么就可能会发生这种情况。这时稳定解将是一种充满材料的空间，其性质在某些（前）对称性变换下改变。因此，这种变换已不再是没有差异的区分——现在有了差别！它相伴的对称性是自发破缺的。

标准模型　　　为人类最伟大的耳熟能详的智力成就打造的一个术语。有时它是指核心理论的电弱部分，有时同时包含电弱理论和量子色动力学。

强作用力　　　四种基本相互作用之一。强作用力将夸克和胶子结合成质子、中子和其他强子，并将质子和中子聚合成原子核。高能加速器中观察到的大部分结果都是强力在起作用。

超导体　　　　某些材料在冷却到非常低的温度时会转变到一种全新的相，此时它对电场和磁场的响应表现出新的特点。其电阻为零，且基本上屏蔽——即抵消——外磁场（这叫迈斯纳效应）。我们说它此时已成为超导体。数学分析可以看出，超导体的电磁行为表明超导体内的光子具有非零质量。

　　　　　　　W 玻色子和 Z 玻色子不仅在许多方面类似于光子——它们是自旋为 1 的玻色子，它们对（弱色）荷做出响应——而且具有非零质量。从表面上看，非零质量将排除其他有吸引力的想法，即 W 玻色子和 Z 玻色子，像光子一样，服从具有局域对称性的方程，但超导体提供的启示可指出这条路是走得通的。通过假定空间是一种 W 玻色子和 Z 玻色子超导体而非电荷的超导体，我们就可以让这些粒子具有非零质量，同时又保持基本方程的局域对称性。这是现代电弱理论的一个中心概念，而且似乎很好地描述了自然界。

更富于想象的设想是假设网格超导性存在另外一层，用来产生引起夸克-轻子转换的甚大质量的粒子。

超弦理论	扩充物理定律的诸多概念的集合。许多杰出人才已在这方面做出杰出的工作，使得纯数学得到了重要应用。目前，超弦理论并不提供描述自然世界具体现象的方程。具体来说就是：准确描述物质世界诸多现象的核心理论还没有被证明可以作为超弦理论的一种近似。 超弦理论的概念与核心理论或本书倡导的统一概念之间不存在根本的不协调。但从历史上看，本书讨论的这些概念并不是从超弦理论中生长或演绎出来的。其来源，正如我已经详细解释的，部分来自经验，部分来自数学／美学观念。
超对称性	一种新的对称性。超对称性使具有相同的荷但不同自旋的粒子之间进行变换。具体地说，它允许我们将玻色子和费米子这两种物理性质根本不同的东西看成是单一实体的不同侧面。超对称性可体现为超空间（一种包括额外量子维的扩展了的时空）的平移对称性。 我们目前的核心方程不支持超对称性，但有可能通过扩张来使它容纳超对称性。新的方程预言，存在着许多新的粒子，但还没有一种被观察到。我们必须假设某种形式的网格超导，以便使其中的许多粒子具有大质量。令人欣慰的是，如第 19 章所描述的，新粒子，尽管只是虚拟的，支持一种成功的定量的力的统一模型。其中的某种新粒子还可能是暗物质的好的候选者。大型强子对撞机的能量足以强大到产生一些这样的新粒子，如果它们存在的话。
对称性	如果存在没有差别的区分，我们就说它具有对称性。也就是说，当物体——或一组方程——在实施某种变换前后不表现出任何区别时，我们就说它是对称的。因此，一个等边三角形绕其中心旋转 120°时是对称的，而不等边三角形就没有这种对称性。
时间膨胀	从动参考系外部看，动系的时间流逝似乎变慢的一种效应。时间膨胀是狭义相对论的结果。
统一理论	核心理论的不同组成部分基于共同的原理——量子力学、相对论和局域对称性——但在核心理论里，这些组成部分仍是互不关联的。量子色动力学的色荷、标准电弱理论的弱色荷和超荷分别有各自独立的对称变换。在这些变换下，夸克和轻子被分为 6 个互不关联的类（考虑到三重味，实际上有 18 种）。所有这些结构促使我们考虑存在更大涵盖面更广的对称性的可能性。经过对数学可能性的探索，我们发现很多东西可以相当完满地各就其位。通过对方程的些许扩充，我们看到，所有已知的对称性都只是一种令人满意的整体对称性的一部分，我们可以将分散的夸克和轻子放在一起。甚至对于引力这种比其他基本力弱得令人不知所措的对象也可以放进来。为了使这些概念在定量上也有效，我们还必须包括超对称性。扩张后的方程预言，存在着许多新的粒子和现象。但正如我们在第 16 章至第 20 章里解释的，对这些理论的评判已经开始，某些判决很快就会有结果。
速度	位置的时间变化率。
顶点	［见节点］
虚粒子	量子场的自发涨落。真实粒子在量子场中被激发，这种量子场有一定程度的持久性和可观察性。虚粒子是瞬变的，而且只出现在我们的方程里，实验探测器是观测不到的。但通过加大能量，有可能将自发涨落放大到阈值以上，从而使（本来的）虚粒子变成真实粒子。
波函数	在量子理论里，粒子的态不是通过位置或者明确的自旋方向来规定的，而主要是通过对态的波函数来描述。波函数对每一种可能的位置和自旋方向规定了一个复数，即所谓的概率幅。概率幅的（绝对值）平方给出在这个位置与自旋方向上发现粒子的概率。对于多粒子体系或场，波函数对你可能找到并进行测量的所有可能的物理行为规定了

类似的概率幅。第 9 章中讨论了一种简单但并不是过于简单的波函数的例子。

弱力   弱力和引力、电磁力和强力一样，是自然界基本相互作用之一，也被称为弱相互作用。弱作用最重要的效应是支持不同类型夸克之间和不同类型轻子之间的变换。（但不是夸克变轻子或相反。这些假设性的夸克-轻子间的变换只会出现在统一理论中。）正是这种弱作用造成各种放射性衰变和恒星燃烧的一些重要反应。

好脾气方程 $\rho = -p/c^2$ ［亦见宇宙项，暗能量］

杨-米尔斯方程   麦克斯韦方程组的推广，它支持若干种荷之间的对称性。通俗点说，我们可以说杨-米尔斯方程是麦克斯韦方程的推广。今天的强作用和电弱相互作用理论主要是分别基于杨-米尔斯方程组的 SU（3）对称群和 SU（2）×U（1）对称群。

注释[1]

第1章　物理学导论方面的书，首推大师级人物理查德·费恩曼的《物理学定律的特点》（MIT 出版公司）一书，此书短小精悍，尽管目前看来显得有些过时。理查德·费恩曼、罗伯特·莱顿和马修·桑兹主编的《费恩曼物理学讲义》（3卷）（Addison-Wesley 出版公司）原是加州理工学院本科生的教材，但它的每卷的前半部分和许多章节以概念阐述为主，写得非常口语化，常有神来之笔。

第2章　P11　**使经典力学得以完善的巨著**　对经典力学的基础进行经典分析的当属恩斯特·马赫的《力学史评》（Open Court 出版公司）。爱因斯坦在学生时代曾仔细阅读过这本书，书中对牛顿绝对空间和时间观念的批判性讨论帮助他建立起相对论概念。他写道："甚至是詹姆斯·克拉克·麦克斯韦和海因里希·赫兹，这两位让我们回想起来可以认为是摧毁了将力学作为一切物理思想的最终基础的信念的人，在他们自觉的思考中，也都始终坚信力学是物理学的可靠基础。正是恩斯特·马赫，在他的力学史中，动摇了这一教条式的信念。当我还只是一名大学生的时候，这本书正是在这方面给了我深刻的影响。我认为，马赫的伟大，就在于他的坚定不移的怀疑精神和独立性。"[2]至于牛顿自己的见解，他自己的陈述，见（最重要的如）《牛顿的自然哲学》（Hafner 出版公司）。至于与之有关的其他历史方面和哲学方面的观点，见马克斯·雅默《质量概念》（Dover 出版公司）一书。

1.各段注释起首的页码是原书页码，即本书中的边码。——译者注
2.这段话见爱因斯坦1946年开始写的自述（*Autobiogrphical Notes*），后发表于席尔普（Paul A.Schilpp）为庆祝爱因斯坦七十寿辰所编的纪念文集《阿尔伯特·爱因斯坦：哲学家和科学家》。——译者注

第3章　　《相对论原理》（Dover 出版公司）　这是一本不可或缺的相对论经典论文文集。其中包含了洛伦兹、爱因斯坦、闵可夫斯基和外尔等人的论文，爱因斯坦关于狭义相对论和他的广义相对论基础的两篇原始文献也在其中。爱因斯坦关于狭义相对论的第一篇论文的前半部分实际上没有方程组，非常适于快乐阅读。他对广义相对论的第一次表述的开始部分也很容易理解，非常富于启发性。（对物理系学生：在我看来，这篇文章总体上看仍然是广义相对论最好的入门读物。）爱因斯坦和利奥波德·因费尔德合著的《物理学的进化》（Touchstone 出版公司）是一本非常优秀的科普著作，不论就相对论本身而言，还是就它对电磁学和场论物理基础的思想深邃的背景描述而言，都是如此。两本易见到的相对论导论方面的现代著作分别是埃德温·泰勒和约翰·惠勒（Freeman 出版公司）的《时空物理学》和戴维·默明的《现在正是时候：理解爱因斯坦相对论》（普林斯顿出版公司）。

第4章　P23　95%的质量　正如我们看到的，无质量的胶子的大部分普通物质的质量可用下述理论计算出来，这一理论认为，普通物质是由无质量的胶子和无质量的u夸克和d夸克等构成的［我称这一理论为量子色动力学试金石（QCD Lite）］。量子色动力学试金石真正是从无质量产生出质量。但它在描述自然界方面并不是一个完备的理论，许多事情被遗漏了：电磁作用、引力、电子、u夸克和d夸克的内在微小质量等。幸运的是，我们可以估计出有多少东西被遗漏或者说这种理想化处理对普通物质有多大影响——我们可以用第9章描述的计算方法来检验这一估计。长话短说，遗漏的东西不足5%。（对专家：最重要的效应来自s夸克。它重得不能被看作是无质量的，但又没重到我们能表示出其数目来的程度。）

第5章　　理查德·罗德斯（Richard Rhodes）的《原子弹制作》（Simon & Schuster 出版公司）这本书不仅是历史学和文学上的一个杰作，而且是一部优秀的核物理导论性读物。

第 6 章　　P33　**杨振宁和罗伯特·米尔斯给出的 …… 一类方程**　G·特霍夫特主编的《杨-米尔斯理论50年》（World Scientific 出版公司）是一部由物理学领域权威专家撰写的关于杨-米尔斯方程发展过程的重要文集。

　　　　　　　P34　**你 …… 无需拿出样品或进行任何测量**　这句话有点夸张。如果真是这样，那所有夸克的质量不是零就是无穷大。有限的非零质量值只能通过测量或样本才能知道。自然界中，u夸克和d夸克的质量相对于质子和中子质量而言近乎为零，而c夸克、b夸克和t夸克则是如此之重，使得它们在质子和中子的结构中简直就像虚粒子一样几乎不起作用。奇异夸克s居中：它在质子和中子结构中起一定作用，尽管不是很大。我们可以通过令u夸克和d夸克的质量为零，而其他夸克的质量为无穷大因而可忽略来得到一个好的近似理论。我称这个理论为"量子色动力学试金石（QCD Lite）"。对于QCD Lite，你确实不需要做任何测量或提供任何样品。

　　　　　　　　　爱因斯坦曾强调纯概念性理论的理想，它不需要测量或样本作为输入，他在其《自述》中写道："我想表述这样一个定理，它在目前除了基于自然界是简单的和可理解的这一信念之外还找不到任何其他东西作为依据。这个定理就是：不存在任意常数 …… 也就是说，自然界是这样构成的，它使得人们有可能在逻辑上规定这样一些十分明确的定律，而在这些定律中只能出现一些完全合理的确定了的常数（因而不是那些在不破坏这种理论的情形下也能改变其数值的常数）。"量子色动力学试金石就是这样一种强大理论的罕见的例子。（对专家：另一个例子是基于薛定谔的无限重核方程的结构化学理论。）这个问题与第9章中出现的确定参数问题密切相关，也和第12章和第19章中讨论的哲学/方法论问题密切相关。

　　　　　　　　　由于夸克不能被看作是孤立的粒子，因此它们的质量概念需要特别考虑。从短时间和近距离上看，夸克的运动就像是自由的（渐近自由）。我们可以计算这些运动的一些结果，当然这些结果取决于我们分配给夸克质量的值。然后，我们将计算结果与实验结果进行比较，由此确定质量的值。这一方法对较重的夸克行之有效。对较轻的夸克，更实际的方法是像第9章描述的那样计算出它们的质量对它们所组成的强子质量的贡献。直觉上说，我们所说的夸克质量是指剥去了虚粒子云的裸夸克的质量。

P43　**"严格相同的条件"**　假定没有任何隐变量来描述质子，即它们仅有的自由度是位置和自旋方向。费米统计对质子的所有应用均依赖于这一假设。因此，这些应用的成功为这一假说的成立提供了压倒性的证据。

P45　**"没有内部结构"**　带来一个非常有趣和重要的问题，这不只是对夸克如此，而且对质子、原子核、原子和分子也是如此。我们来讨论质子的情形。正如我在前面提到的，有大量证据表明，质子的态完全由其位置和自旋确定。然而，我们最好的质子理论却把它们构造成是由夸克和胶子组成的复杂系统，或者更准确地说，看成是网格扰动的复杂模式（见第7章和第8章）。所有这些结构是如何隐匿的呢？如果所有这些东西在里面剑拔弩张，为什么不同的质子不会表现出大量的各种不同的态呢？这些态取决于这些东西在里面做什么。

　　在经典物理学里，会有许多可能的内部态 —— 或者，如果你喜欢，也可以称为许多"隐变量"。但是这些态被量子督查官删除了。在量子理论里（见第9章），我们知道，质子 —— 或任何量子体系 —— 是用不同的概率幅来表示其所有可能的内部态的。要获得最低能量的量子态，就需将质子的众多经典力学态组合在一起，其中每个态都有一个适当的振幅大小。次优量子态则有一组完全不同的概率幅和更高的能量。结果，你必须对质子实施大扰动才能完全改变其内部结构。小扰动提供不了足够的能量来重排振幅。因此，对于小扰动质子对外表现出的始终都是唯一的一组振幅——各种变化都被督查按下了。实际上这些内部结构是被冻结了。这就好比雪球滚起来就像是硬的刚性球，尽管它是由大量的分子组成的，而且在高温下会变成流动的液态水。

数学上更贴切的类比是乐器的物理学。如果你正确地吹奏长笛，就会听到清晰、理想的乐音（当然这还取决于指法）。但如果你吹得太用力或不正确，那么声音就会变成泛音和尖叫。理想的乐音对应于长笛中空气的一种特定的振动模式（细究起来相当复杂），而泛音则对应于明显不同的模式。在量子理论里，我们遇到的是振动的波函数而不是振动的空气，但二者间在概念上和数学上非常相似。当运用波函数的"新"量子理论刚提出时，物理学家们确实有过回到声乐物理学中去寻找数学指导。

正是因为量子监督的缘故，才使得好些关于物质深层结构问题的看似激进的思想没有什么实际结果。例如，人们普遍猜测，夸克是一种神秘的弦。然而，我们精确的量子色动力学理论，尽管可以解释许多精确的实验（迄今为止的所有实验结果），却不能解释这种可能性。这怎么可能？

如果夸克是一种神秘的弦，那么夸克的量子力学波函数就应当能够刻画这种具有不同大小和形状的基本弦的组态，其大小由振幅衡量。随着时间推移，这些不同的组态将彼此演变，但总体分布保持不变。

只要弦组态的振幅分布保持不变，它就始终是不活泼和不可探知的。要改变其分布可能需要耗费大量的能量。如果能量不超过临界阈值，弦内部的自由度在实验上是看不见的。出于实际考虑，它们也可能就是不存在。没人知道夸克弦振动的临界能量到底有多大，但可以肯定的是，它必须大大超过任何现有加速器能够达到的能量。

P51　**我们称为量子色动力学的理论**　关于量子色动力学产生的思想和实验背景的一个生动的历史描述见 Micael Riordan

的《夸克之猎》（*The Hunting of the Quark*）（Touchstone 出版公司）。两本关于量子色动力学物理学和电弱相互作用标准模型的好书分别是 Robert Oerter 的 *The Theory of Almost Everything*（Pi 出版公司）和 Frank Close 的 *The New Cosmic Onion*（Taylor and Francis 出版公司）。还有一本不可多得的必读书是费恩曼从基础知识写起的量子电动力学讲义：*QED: The Strange Theory of Light and Matter*（Princeton 出版公司）。

P55　**软辐射是常见的**　关于软辐射和硬辐射之间区分得更为详尽的解释可能是基于胶子动量与胶子波函数的波长之间的联系。小动量对应于长波长。而长波无法分辨夸克云的精细结构，因此只对云的整体做出响应，并通过反屏蔽来扩增色电荷。短波能够分辨内部结构。这些波的起伏往往抵消了它们与云之间的相互作用，只留下种荷的贡献，这就是我们现在所看到的。

第 7 章　P58　**对称性是日常意义上使用的词**　由对称性数学的伟大先驱同时也是具有深厚人文学识的作者赫尔曼·外尔写的一本经典的对称性导论著作是《对称》（Princeton 出版公司）。尤金·威格纳（Eugene Wigner）则将群论大规模地引入到现代物理学里，他在《对称性与反射》（Ox Box 出版公司）一书中所写的极富思想性的文章从很多角度上读来都令人饶有兴趣。

P69　**Grooks**　皮特·海因的幽默格言诗 *Grooks* 见 http://www.chat.carleton.ca/tcstewar/grooks/grooks.html。

P72　**教科书**　量子场论的基本事实细节不是一般人能够理解的。如果你想深入进去，我建议你从前面提到的费恩曼的《量子电动力学》和我为美国物理协会成立 100 周年所写的评述性文章《量子场论》[重印于 Bederson 主编的 *More Things in Heaven and Earth*

（Springer出版公司）一书，亦见itsandbits.com］开始看起。多年来，这方面的主流教科书一直是迈克尔·佩斯金（Michael Peskin）和丹尼尔·施罗德（Daniel Schroeder）的《量子场论导论》（Addison – Wesley出版公司）；新近出版的一本极好的同类教材当属Mark Srednicki的《量子场论》（Cambridge出版公司）。Tony Zee的 *Quantum Field Theory in a Nutshell*（Princeton出版公司）用清新明快的风格来处理该领域中许多不寻常的问题。最后，史蒂芬·温伯格的三卷本《量子场论》（Cambridge出版公司）属于大师级的权威论著，但对于非专业人员来说，除了第1卷的历史导论稍能看懂外，其他内容很难读懂。

第8章

爱因斯坦传记　爱因斯坦传记有许多版本。其中的两部优秀作品（均强调他的科学贡献），一是他自己写的《自述》，见P.席尔普主编的《阿尔伯特·爱因斯坦，哲学家和科学家》（Library of Living Philosophers丛书出版公司），另一部是亚伯拉罕·派斯著的《上帝不可捉摸》（牛津出版公司）。派斯自己在这方面就是一名杰出的物理学家。

费恩曼传记　费恩曼本人没有写过系统的自传，但他的个性光芒通过描写他的趣闻轶事集锦性著作《别闹了，费恩曼先生！》（诺顿出版公司）和《你干嘛在乎别人怎么想？》（诺顿出版公司）闪现出来，詹姆斯·格雷克（James Gleick）的《天才》（*Genius*）（Pantheon出版公司）以优美的笔触刻画了费恩曼多彩的一生。

P78　**不相容**　与什么不相容？电荷守恒。麦克斯韦将已知方程应用到含有电容器元件的"思想实验电路"上，发现方程中出现的电荷需要从零开始。由于电荷守恒的实验证据在任何情况下都非常有力，因此麦克斯韦对方程做了相应的修改。

P85　"……在黑暗中搜索……"　摘自爱因斯坦1933年在格拉斯哥大学的演讲。"同时性"摘自他的《自述》。

P88　**场的不可避免性**　在讨论场的必要性时，我指的是"现在"的普适值，并根据现在的场求解未来的场，等等。如果同时性消亡了，那么这怎么可能是合法的？

从技术角度回答：在平移参照系内，水平截面的"现在"会变为倾斜的截面。但由于方程的形式不变，因此仍可以根据场在截面上的值来计算截面外的场值。（严格说来，你必须既知道场值又知道其时间导数值。）总之："现在"不同，但论证相同。

然而这里有一种重要的紧张关系，那就是我们很难将量子理论和相对论结合起来。在量子理论的方程及其解释里，时间与空间表现的方式非常不同。但在相对论的方程里，时间和空间则混为一体。因此，当我们处理量子力学问题时，我们对时间和空间之间有着非常明显的区分。但如果我们相信相对论是正确的，那就必须证明这种区分最终是可以去掉的。从根本上说，这就是为什么很难构建与狭义相对论相容的量子理论的原因。我们知道怎么做的唯一途径就是采用量子场论的复杂形式（或可能更为复杂的——但仍是不完备的——超弦理论的形式）。这个问题困难的另一面，是我们被领入一种非常严格、具体的框架，即（局域）量子场论。值得庆幸的是，这个框架原来就是我们的物理学核心理论中使用的自然界框架。回到联姻的比喻：如果你在接受合作伙伴方面过分讲究的话，那么如果你找到了一个，这个就可能是很好的一个！

P94　**所谓弱作用**　前面提到的Close和Olmert的书对弱相互作用有广泛的讨论。

P97　　**世界地图**　Dirk Struik 的《经典微分几何讲义》（Dover 出版公司）中有对地图绘制的数学的精彩讨论。强调广义相对论几何方法的标准参考文献是 Charles Misner、Kip Thorne 和 John Wheeler 合 著 的《引 力》（Freeman 出 版公司）。强调场方法的经典文献是史蒂芬·温伯格的《引力和宇宙学》（Wiley 出版公司）。我要强调的是，这些处理方法之间不存在矛盾，优秀物理学家心中都是二者兼备的。

P102　　**超弦理论**　布莱恩·格林写的 *The Elegant Universe*（中文译名：《宇宙的琴弦》，李泳译，湖南科学技术出版社 —— 译注）是一本深受欢迎、热情洋溢的介绍弦论方面的科普著作。

P102　　**充满希望的机会**　宇宙学最近的发展不断表明，宇宙的早期历史曾经历过急速膨胀的阶段，称为暴胀期。阿兰·古斯著的《暴胀宇宙》（Perseus 出版公司）是该理论奠基者所写的一本关于这一基本理论的优秀科普作品。根据这一理论，在暴胀期，暴胀的是度规场的量子涨落。这些涨落放大到宇宙尺度上，我们今天仍可探测到。寻找这一效应的雄心勃勃的实验正在计划中。

　　暴胀的确切原因（如果确实发生过的话）尚不清楚。但罪魁祸首可能就在本章讨论的两种思想的结合之中：

● 我们讨论过虚空如何充斥着各种物质凝聚。在极高的温度下，这些凝聚会"熔化"或以其他方式改变其性质。我们说存在一个过渡阶段，概念上它类似我们熟悉的相变，例如（固态）冰→（液态）水→（气态）蒸汽。但在这里我们谈的是宇宙的相变。由于空间本身性质的变化，因此实际上是物理定律发生了变化。

● 在这种宇宙相变过程中，变化之一是凝聚的能量。正如我们很快将要讨论的，这种变化表现为暗能量的贡献。可以肯定的是，甚早期宇宙可能载有比我们今天看到的更高密度的暗能量。今天的暗能量正引起宇宙的加速膨胀，但程度要温和得多。而早期大得多的密度引起的加速则更加迅猛。

这就是暴胀发生时的可能图像。

P108　Mark Kirshner 的 *The Extravagant Universe*（Princeton 出版公司）这是权威天文学家对这一观察的个人认识。

P110　**流行的猜测**　伦纳德·萨斯坎德（Leonard Susskind）在 *The Cosmic Landscape*（时代华纳出版公司）一书中对这些概念有清楚的解释和主张。

第9章　P113　**经典计算机**　这些步骤描述了直接解方程所涉及的内容。在特定情况下，我们有聪明的技巧来避开其中的一些过程。它们冠以各种名字，如欧几里得场论，格林函数型蒙特卡罗方法，随机进化等。这是个非常专业性的问题，深度远远超出本书的范围。解量子力学方程上的进步能够改变这种状况，它使我们能够用计算来取代化学和材料科学方面的实验。计算空气动力学的进展已经在飞机设计项目上很大程度实现了这一目标，从而使新的设计通过数值模拟进行，免去了多轮样机和风洞试验之累。

P114　**量子计算机**　将自旋的两个方向——上或下——理解为1和0，这样自旋就可以被理解为位（bits）。但是，正如我们在下面几页将要详述的，一组自旋的量子态可以同时描述自旋的多种排列方式。因此有可能设想让许多不同的位组态同时工作。这是物理定律容许的一种并行处理方式。自然界似乎非常擅长这方面的事情，因为它解量子力学方程的速度非常快，一点也不吃力。

我们做的就没有那么好，至少目前如此。现在的问题是，不同的自旋组态以不同的方式与外部世界相互作用，这种做法扰乱了我们乐于接受的并行处理秩序。构建量子计算机要克服的困难在于设法使旋转不与外部世界相互作用，或纠正这种相互作用，或在工程上弄出个服从类似方程但不如自旋那般精妙的东西。这是一个活跃的研究领域，没有一种设计是明显的赢家。

P117　　**著名的EPR悖论**　许多关于量子力学基础的书中描述了更尖锐、量化的EPR悖论形式，它们与贝尔不等式和格林伯格 - 霍恩 - 蔡林格态等概念相关。这方面的好书有罗伯特·格里菲斯（Robert Griffiths）的 *Consistent Quantum Theory*（Cambridge出版公司）。有大量文献对量子理论的不同解释、对其基本要素的检验等方面进行了论述。依我愚见，如果你看到一幢摩天大楼矗立了几十年，即使在猛烈的轰炸下依然屹立不倒，你就会逐渐相信它的基础一定是最坚固的，即使它不可见。反过来说，质量守恒一度曾看上去也是这么安全……

P118　　**32维世界**　本条注释严格来讲仅对专家而言。非归一化振幅描述了32维复空间。它相当于64个实数维。通过对态的归一化，我们失去了其中两维。所以我们实际要处理的空间是62维的。

P120　　**高度无限的**　量子连续体的构造太复杂，使人不禁认为应该以某种方式摆脱它。爱德华·弗里德金（Edward Fredkin）和史蒂芬·沃尔弗拉姆（Steven Wolfram）特别主张这一观点。

　　　　原始冲动当然不会奏效。没有经过争论，我是说 —— 不害怕矛盾 —— 那么核心理论就根本不可能从迥异于对手思想方面取得任何完整性、准确性和精密性。另一方面，在物理定律最基本形式上出现极限过程（因此原则上计算会无限长）也是令人不安的。但事实真是这样吗？我认为，目前不清楚的是，如果我们只要求理论回答实验上能够回答的问题，是否会出现真正的无限性。从实验上说，我们只有数量有限的时间和能量，而且只能进行有限精度的测量。近似计算并不需要我们实际地取极限！

这条注释写得我头晕，所以我最好现在就结束。

P122 **误差很小**　我想用这一小段来阐明一个非常重要的概念，虽然它稍显过于专业。你可能担心用离散格点取代连续时空会引起误差。在许多科学问题上——像天气预报或气候模型——这确实是个大问题。但在这里，由于渐近自由的缘故，事情不是太糟糕。由于夸克和胶子之间的相互作用在短距离上很弱，你可以解析地计算出——用笔和纸即可——用格点轨迹的局部平均代替实际情形带来的影响。然后对它进行校正。

P124 **理论不是真的能预测这些事情，而只是容纳了它们**　π介子的质量的 m_π 对 m_{light} 最敏感，K介子的质量 m_K 对 m_S 最敏感，1P底偶素（bottomonium）态的相对质量 ΔM_{1P} 对耦合强度最敏感，所以我们用 m_π、m_K 和 ΔM_{1P} 的测量值来确定这些参数。

P127 **数值型量子场论**（又称格点规范理论）　目前还没有一本真正科普级别的著作问世，恐怕永远也不会有。虽然它的一些结果可以说是相当简单，正如我在本书里所做的那样，但基本内容上仍是研究生的水平。下面的地址可以找到性价比奇高的导论性材料：http://eurograd.physik.uni-tuebingen.de/ARCHIV/Vortrag/Langfeldlatt02.pdf

第 10 章 P130 **不祥的雷暴云砧**　为了使能量最小化，实际上扰动会自组织成管状，扰动能量正比于管的长度（根据爱因斯坦的第二定律，也就是它的质量）。这个管子示踪了夸克色荷的影响轨迹，因此不存在端点（除非遇到一个反夸克），它的能量代价是无限的。

第 11 章 大卫·拉普（David Lapp）的《乐器物理学》，见 http://www.tufts.edu/as/wright$/_$center/workshops/workshop_archives/physics_2003_wkshp/book/pom_acrobat_7.pdf，是一本简洁精悍的非数学性质的声乐和乐器物理学导论，其中有很多图片。另两部大作，一部是赫尔曼·亥姆霍兹（Hermann Helmholtz）的 *On the Sensations of Tone*（Dover 出版公司），另一部是瑞利勋爵（Lord Rayleigh）的 *The Theory of Sound*（两卷本）（Dover 出版公司）。只有专业人员愿意通读这两部著作，而且亥姆霍兹书中的部分内容已经过时，但仅仅翻一翻这些书也是一种激励，它们会让你感到做人的自豪。

第 12 章 P136 **萨里耶利 …… 说** 当然，其实这些东西是编剧编的！

P137 **"实际上，华生 …… "** 这个笑话摘自理查德·怀斯曼（Richard Wiseman）的《脑筋急转弯》（*Quirkology*）（麦克米伦出版公司）一书。

P138 **据早期传记作者的记载** http://www.sonnetusa.com/bio/maxbio.pdf 中有刘易斯·坎贝尔和威廉·加内特（Lewis Campbell and William Garnett）著的《麦克斯韦的生平、书信和作品选集及其科学贡献概要》（*The Life of James Clerk Maxwell, with a selection from his correspondence and occasional writings and a sketch of his contributions to science*）。这是关于麦克斯韦的一个绝好的文献源，其中除了老式的优美传记之外，还对他的科学贡献进行了准确的介绍，书中包含了麦克斯韦大量的构图和信件，甚至有

一些十四行诗。

P139　**删除多余的或不重要的信息**　在进行好的数据压缩设计时，除了使信息短这一简单目标外，还要考虑到其他一些方面。我们可能会容许某些类型的错误，只要它们不造成严重破坏。例如 JPEG 格式将连续图像变成离散的像素，并保持适当的色彩精度，通常就是这样来制造好看的"复制品"。有时我们也可能在要传递的信息中加入一些冗余成分，甚至不惜使之变长，这主要是针对优先确保准确性或是信道十分嘈杂等情形。天文测量或全球定位系统（GPS）卫星传递报告就采用这种方式。同样，当人们在进行譬如工程或经济方面的数学建模时，就可能非常关注方程对误差或数据的宽容度，并尽可能容纳经验输入。但是理论物理学则对数据的可压缩性和准确性极度重视。

P141　**就数据压缩这个最终目的而言**　在现代数据压缩的概念基础方面，我推荐大卫·麦凯（David MacKay）的《信息论》（*Information Theory, Inference, and Learning Algorithms*），（Cambridge 出版公司）。至于理论构建以及哥德尔和图灵的工作方面，见李明和保罗维塔尼（Ming Li and Paul Vitányi）的《柯尔莫哥洛夫复杂性及其应用导论》（*An Introduction to Kolmogorov Complexity and Its Applications*）（Springer 出版公司）一书。

P141　**假定存在着一个新的行星**　海王星发现的历史较为复杂，而且据我所知还存在一些争议。亚历克西斯·布瓦尔（Alexis Bouvard）在 1821 年曾认为，某种"暗物质"可能正在干扰天王星的运行。但是，由于没有数学理论的指导，他不知道到哪儿去寻找这种东西。1843 年，约翰·C.亚当斯（John Couch Adams）通过计算提出，假定存在一颗新的行星，就可以解决天王星轨道问题，并且他提供了观察坐标，但他没能公布他的工作或说服天文学家对此进行观测。

第 13 章   P146 **即反比于平方** 这在宏观距离上是真实的。但在超短距离
                    上，两个新的效应将起作用，力的定律变得不同了。我们
                    已经讨论了网格涨落如何能够调整力，即虚粒子起到的减
                    少（屏蔽）或增强（反屏蔽）作用。我们讨论过的另一个
                    效应是，在量子力学中测量小距离必然涉及大的动量和能
                    量。这将影响到引力的作用，因为引力直接对能量做出响
                    应。力定律的这些修正在后面第三部分我们要讨论的力的
                    统一性方面将具有非常重要的意义。

             P146 **引力辐射 …… 还没有探测到** 虽然引力辐射本身还没有
                    被探测到，但我们已测知了它造成的一个结果。对脉冲双
                    星 PSR 1913＋16 进行长期的精确观测表明，它的轨道变化
                    与理论计算上给出的由引力辐射造成的能量损失效应是
                    一致的。1993年，拉塞尔·赫尔斯（Russell Hulse）和约
                    瑟夫·泰勒（Joseph Taylor）因此项工作荣获诺贝尔奖。

第 14 章   P148 **任何物体 …… 遵循相同的路径** 正如无数条直线通过一
                    个给定点，具有不同斜率的无穷多"最直"路径也通过时
                    空中给定的点。它们对应于以不同初速度的粒子轨迹。因
                    此，普适性的准确表述是从同一位置以相同速度出发的物
                    体将在引力作用下做同样方式的运动。

第 16 章   P153 **三个幸运的人** 戴维·格罗斯、戴维·波利泽和我因"发
                    现强相互作用的渐近自由"而荣获2004年度诺贝尔奖。

             P154 **意大利血统** 我母亲是意大利人，我父亲是波兰人。

             P154 **"你说的甚至谈不上错"** 费恩曼和泡利之间的这个故事在
                    物理学界早已耳熟能详。我不知道它是否真的发生过，说

实话，我也不想知道。留着也不错。

P159 **种子强力** 选择力作为耦合性能的测度有点任意性。当过程主要是普朗克能量和动量水平上的粒子行为时，也许更基本的测度是费恩曼图上显示的节点倍增数。这个数字甚至更接近于1——约1/2。任何合理的测度都将给出接近于1的结果——其实应是更接近于10^{-40}！

第 17 章

通过扩张局域对称性来实现核心理论的统一的思想分别是由约盖什·帕蒂（Jogesh Pati）和阿卜杜勒·萨拉姆（Abdus Salam）、霍华德·乔奇（Howard Georgi）和谢尔顿·格拉肖（Sheldon Glashow）提出的。本章中强调的SO（10）对称性和分类是由乔奇最先提出的。格雷厄姆·罗斯（Graham Ross）的《大统一理论》（Westview出版公司）和拉宾德拉·莫哈帕特拉（Rabindra Mohapatra）的《统一性和超对称性》（Springer出版公司）都是权威的大部头著作。

P166 **可能一劳永逸地给出核心理论** 我不是要声称核心理论不会被取代。我倒是希望被取代，我要说明的是为什么和如何被取代。但就像我们在大多数应用场合仍在使用的牛顿力学理论和引力理论那样，核心理论在广大的应用范围上有着成功的确凿记录，我无法想象人们会把它像垃圾一样丢弃。我甚至认为，核心理论为生物学、化学和恒星天体物理学提供了一个永远无须修正的完整基础。（这里"永远"少说也有几亿年吧。）前面提到的量子监督为这些问题提供了保护，使得无论在多么超短距离和超高能量上这些规律都不受影响。

P166 **弱作用** 尤金·康明斯（Eugene Commins）和菲利普·巴克斯鲍姆（Philip Bucksbaum）的《轻子和夸克的弱相互作用》

（Cambridge出版公司）一书对天体物理学方面的应用有广泛的讨论。约翰·巴考尔（John Bahcall）的《中微子天体物理学》（Cambridge出版公司）则是该领域的权威著作。

P167　恒星靠能量维持　恒星获取能量的核转换还包括不需要将质子变成中子的核聚变反应，譬如像3个α粒子（每个由两个质子和两个中子组成）结合成一个碳核（6个质子和6个中子）的过程。这种反应不涉及弱相互作用，而只与强作用和电磁相互作用有关。它们对于恒星演化的后期阶段特别重要。

P170　左旋粒子和右旋粒子　实际上，我应该说左旋场和右旋场。

具有非零质量的粒子以低于光速的速度运动，这样就有了以下问题：你可以想象存在一个其平移速度比粒子还快的平移参考系，对于平移系中的观察者来说，粒子会出现向后运动，即运动方向与它在静止参考系中的运动方向相反。由于粒子的转动方向看上去仍与以前一样，因此，在静系的观察者看起来是右旋的粒子对于动系的观察者来说将是左旋的。但相对论认为，这两个观察者必须看到相同的定律。因此有结论：定律不能直接取决于粒子的手性。

正确的形式更为微妙。我们有产生左旋粒子的量子场，以及产生右旋粒子的量子场。这些基本场的方程是不同的。但一旦粒子（不论哪一种）被产生出来，它与网格的相互作用会改变其手性。在电弱标准模型里，粒子与希格斯凝聚的相互作用正是如此。

我们可以对无质量粒子（或其量子场）的手性做出严格的（即平移不变的）区分。事实上，成功的弱作用方程依靠的正是这种区分，结果表明，自然界更喜欢将无质量粒子和量子场作为其原始材料。

P176　**塞壬的神话**　摘自J.哈里森的"塞壬般的恶魔（The Ker as Siren）"一文，见《希腊宗教研究序言》（*Prolegomenma to the Study of Greek Religion*，1922年第3版：197~207页）。用在这里是因为我原本希望用约翰·威廉·伍德豪斯（John William Waterhouse）的《塞壬》做封面，可惜没能够。但你可以在itsfrombits.com看到这幅图片。

第18章　　霍华德·乔奇、海伦·奎因和史蒂芬·温伯格首次计算了三种力在短程下的行为，想看看它们是否能统一。（至于强力，当然只有格罗斯-波利泽-维尔切克的计算。）

P178　**相对强度的定量测量**　请注意，在基本层面上 —— 即根据费恩曼图中的乘积性节点数 —— 弱耦合实际上要比电磁（对专家：这里应理解成超荷）耦合强。但网格超导性使弱力局域于短程上，因此它的实际作用通常要小得多。

P178　**原子核……远小于原子**　将原子大小与核的大小进行对比，部分原因是想说明电磁力的相对弱性。相对于质子和中子来说，电子质量太小也是一个重要因素。通过回顾第10章中附注一节的第3点，我们就能够理解其原因。原子的大小是抵消将电子拉向质子的电场的行为与满足电子波动性质行为之间达成妥协的结果。质量较小的粒子的波函数倾向于散布得更大，因此，电子的小质量就有了大尺度活动范围的结果。

第19章　P182　**著名哲学家卡尔·波普尔**　想更多地了解波普尔及其哲学，见P.Schelpp主编的《卡尔·波普尔的哲学》（2卷本）（Open Court出版公司）。

第 20 章　　　萨瓦斯·季莫普洛斯、斯图尔特·拉比和我最早考虑了超
对称性对耦合演化的作用。见附录C中的个人回忆。

P187　**希格斯子**　关于希格斯子的早期文献（通俗级别的），你
可以在 Oerter 和 Close 的书中找到；较专业的讨论见
Peskin、Schroeder 和 Srednicki 的文章。

P187　**超对称性**　戈登·凯恩的《超对称性：揭开自然界的终极
规律》（Perseus 出版公司）是该领域杰出学者写就的一本
通俗读物。

P188　**将它们联系起来的最佳设想**　超对称性不是要把核心理
论的不同部分直接连接在一起。目前已知的粒子中没有一
种可称得上是它种粒子的超对称性伙伴。只有同时考虑到
荷的统一和超对称性这两方面，我们才能把一切事情融为
一体。

P189　**并不过分**　超对称性必须是破缺的，比起第8章和附录B
讨论的宇宙超导性问题，这是如何发生的问题显得更加不
确定。但只要超对称性出现了破缺，其最终结果必然是我
们已知的那些粒子的伴子会重得多。但如果它们太重了的
话，它们就不会对网格涨落做出足够大的贡献，我们就会
回到第18章的情形下。

　　　认为超对称伴子不会太重还有其他方面的理由。其中
最重要的理由是这样的：

　　　如果你在统一理论框架下计算虚粒子对希格斯子质
量的作用，你会发现它们倾向于将质量拉到统一的尺度
上。这就是人们常说的层级问题的实质。你当然可以大笔
一挥，用开始时质量恰好足以几乎精确抵消虚粒子贡献这

样一种处理方式来勾销掉这些作用，但大多数物理学家认为这种"微调"令人反感，他们斥之为不自然。如果用超对称性来修正这种抵消作用，那么微调就不会显得如此必要。但如果超对称性是严重破缺的，即如果伴子太重了的话 —— 我们就又有麻烦了。

P189　**现在我们必须对修正后的结果再行修正**　在这个计算里，我只包含了实施超对称性所必需的粒子的作用。（对专家：我处理的是最小的超对称性标准模型，或叫MSSM。）构建完整的统一理论所必需的额外（更重的）粒子没有列入。这就是为什么耦合在高能下统一之后会再度发散的原因。在完备的理论里，一旦它们走到一起，它们就将合为一体。但是，由于我们不知道完备理论的足够多的有关细节，因此我选择了走一步看一步的处理方式。

P191　**它们几乎都聚集于一点**　由于我们没有一个关于引力短程行为的可靠理论，因此我只能粗略地勾画出引力线。

第 21 章　要了解大型强子对撞机项目的更多信息，包括最新的新闻，你可以访问欧洲核子研究中心的网站http://public.web.cern.ch/Public/Welcome.html及其后续链接。由G.凯恩主编的《全景透视LHC物理》（世界科学出版公司）是一本权威专家文章的汇编。我还建议去读我的科学论文《展望新的黄金时代》，你可以在itsfrombits.com找到它。

P196　**暗物质问题**　劳伦斯·克劳斯（Lawrence Krauss）的《第五元素》（*Quintessence*）（Perseus出版公司）是一本关于暗物质、暗能量和现代宇宙学基本知识方面的优秀科普读物。

P198　**质子应衰变**　对于（低能）超对称性给出力的精确统一的计算，不论力度强弱，结果都表明，计算过程对细节不敏感。对新粒子贡献的屏蔽（或反屏蔽）只有在能量大于该粒子的静能量 mc^2 的情形下才起作用。由于这些变化对于统一积累起的很大范围的能量非常关键，而这些能量具体从什么地方开始并不重要，因此粒子的贡献只是一般的取决于其质量。由此可知，如果新的超对称性粒子的质量加倍或折半，对我们进行的统一方面的计算都不会有太大影响。这个结果具有刚性，不会轻易改变。

P198　**期待新的效果**　弦理论一直启发人们设想存在额外的空间维。这种额外维必定非常小（充分折叠）或高度弯曲且很难贯穿，否则我们就已发现它们。但借助大型强子对撞机走近去看，就会发现它们。劳伦斯·克劳斯（Lawrence Krauss）的《镜子背后》（Viking出版公司）和丽莎·兰德尔（Lisa Randall）的《蜷曲通道》（Harper Perennial出版公司）对这些概念进行了通俗的解释。

尾声

P202　**与解释相去甚远**　根据附录B描述的概念，希格斯凝聚通过某种形式的宇宙超导性直接决定了W玻色子和Z玻色子的质量。所以，如果这些概念是正确的，那么只要我们搞清楚了希格斯凝聚是什么，我们就会搞懂这些粒子质量的起源。

附录 B

P215　**因此我们很容易产生……衰变**　你可以通过发射出携带一个单位红色荷的玻色子并产生出一个单位的紫色荷（也就是带走了一个单位的负紫色荷）这样的过程来检验。位于（图17.2）第1行的u夸克变为第15行的反电子 e^c。（记住，表中的+和-项均为半个单位的荷。）通过吸收上面发出的玻色子，第5行的d夸克会变成第九行的反夸克 u。在核账本里，这些夸克通过对第1列和最后一列之间的+和-号翻转而相互联系。因此，通过发射和吸收这个具体的色

变化的玻色子（作为虚粒子），我们得到如下过程

$$u+d \rightarrow u^c+e^c$$

现在我们在两边各添加一个旁观者u夸克：$u+u+d \rightarrow u+u^c+e^c$，看到了吧，就快到家了。众所周知，$u+u+d$是质子的成分，而$u+u^c$可以湮没成光子。于是最后，我们得到质子的衰变过程

$$p \rightarrow \gamma+e^c$$

引用说明

各章中的插图

图 7.3：首次出现是在我发表的论文里："QCD Made Simple"in *Physics Today*, 53N8 22-28（2000），并经允许使用。

图 8.1：基于美国环境系统研究所（ESRI）公司 ArcInfo 工作站的文件，并经允许使用。

图 9.1，图 9.2 和图 9.3：基于 MILC 合作小组最新版本的工作报告，见 *Physics Review* D70，094505（2004）（图 17），并经它们的许可。

图版

图版 1，图版 2，图版 8 和图版 9 摘自欧洲核子研究中心的图片库，并经允许使用。

图版 3a 基于阿尔多·斯皮兹齐诺（Aldo Spizzichino）的绘画《数学家的图书馆》，并承蒙他的许可使用。

图版 3b 基于迈克尔·罗斯曼及其同事的工作，见 *Nature* **317**，145–153（1985），并承蒙他的许可使用。

图版 4 来源于阿德莱德大学 CSSM 的德里克·莱因韦伯（Derek Leinweber），并承蒙他的许可使用。

图版 5 是基于 STAR 合作小组的工作，承蒙许可转载于布鲁克海文国家实验室。

图版 6 是基于格雷格·基尔卡普（Greg Kilcup）及其同事的工作，并承蒙他的许可。

图版 7 复制于约翰·威廉·沃特豪斯（John William Waterhouse）的绘画《塞壬》（约 1900 年）。

图版 10 源于理查德·穆朔茨基（Richard Mushotzky），并承蒙他的许可。

附录C

附录 C 是基于我在《自然》上发表的文章，见 *Nature* **428**，261（2004），并经允许使用。

索引

（索引数字为原书页码，即本书中的边码。数字后括号内的fig.指该词条位于当页插图的文字说明中；fn指该词条位于当页的脚注中。——译注）

译后记

王文浩
2010 年 3 月于清华园

　　本书是维尔切克为对物理学感兴趣的读者写的一本有关物理学基本相互作用（着重于强相互作用）知识的书。维尔切克以他那惯有的诙谐风趣的语言，从大众熟悉的物质、质量和能量等概念出发，去探索这些概念的底层意义，由此引出他一生中最重要的贡献——渐近自由概念，并最后落脚在他提出的"网格"概念上（详见第8章）。在维尔切克看来，网格是宇宙时空的基元。他用它直观地解释了普通物质的来源、引力的起源，并通过类比将整个宇宙想象成巨大的网格超导体。我们不能不佩服物理学家想象力的丰富！同样是因为他是一位物理学家，因此严谨求实的科学态度使他在书的最后指出了网格概念所不能解释的质量起源问题，譬如电子、夸克、中微子以及可能存在的希格斯子的质量起源问题，更不用说还有暗物质和暗能量等的起源问题。所以说，物理学任重道远，绝不是只剩下仅需修补的"细节"问题。

　　弗兰克·维尔切克是目前国际上最杰出的理论物理学家之一。作为美国麻省理工学院物理系理论物理学教授，其研究领域横跨粒子物理、凝聚态物理和宇宙学等领域。他在普林斯顿大学跟戴维·格罗斯做研究生时提出的渐近自由概念，确定了使原子核紧密结合的色胶子的属性。这项工作使他与导师格罗斯和另一位独立提出这一概念的胡夫·波利策（Huph David Politzer）共同荣获了2004年度诺贝尔物理学奖。除此之外，他还以发展量子色动力学、提出轴子、提出并运用新的量子统计形式等工作而闻名。像大多数富于社会责任心和深邃哲学思想的科学大家一样，维尔切克在普及科学知识、传播科学理念方面亦不遗余力且具独到之处，我们通过本书可有体会。在本书出版之前，他还写过一本高级科普著作《神奇的实在》（*Fantastic Realities: 49 Mind Journeys and a Trip to Stockholm*，World Scientific: 2006）。此外，他做的讲演和电视节目也广受欢迎。

本书在翻译过程中，有些引文的译文参考了国内已有的译文文本，它们是：《牛顿自然哲学著作选》（H.S.塞耶编，王福山等译，上海：上海译文出版社，2001年版）；《爱因斯坦文集》（范岱年、赵中立、许良英编译，北京：商务印书馆，1977年版）。在此特向原译者和出版者表示谢意。

图书在版编目（CIP）数据

存在之轻 /（美）弗兰克·维尔切克著；王文浩译 . — 长沙：湖南科学技术出版社，2018.1
（2024.11重印）
（第一推动丛书，物理系列）
ISBN 978-7-5357-9510-6

Ⅰ.①存… Ⅱ.①弗… ②王… Ⅲ.①物理学—普及读物 Ⅳ.① O4-49

中国版本图书馆 CIP 数据核字（2017）第 226172 号

The Lightness of Being
Copyright © 2008 by Frank Wilczek
All Rights Reserved

湖南科学技术出版社通过美国 Brockman，Inc. 独家获得本书中文简体版中国大陆出版发行权
著作权合同登记号 18-2009-015

CUNZAI ZHIQING
存在之轻

著者
[美] 弗兰克·维尔切克

译者
王文浩

责任编辑
吴炜 戴涛 李蓓

装帧设计
邵年 李叶 李星霖 赵宛青

出版发行
湖南科学技术出版社

社址
长沙市芙蓉中路一段416号泊富国际金融中心
http://www.hnstp.com
湖南科学技术出版社
天猫旗舰店网址
http://hnkjcbs.tmall.com

邮购联系
本社直销科 0731-84375808

印刷
长沙市雅高彩印有限公司

厂址
长沙市开福区中青路1255号

邮编
410153

版次
2018 年 1 月第 1 版

印次
2024 年 11 月第 8 次印刷

开本
880mm × 1230mm 1/32

印张
9.5

插页
2 页

字数
224000

书号
ISBN 978-7-5357-9510-6

定价
49.00 元

图版1 大型电子对撞机 (LEP)上拍下的照片。这台装置位于日内瓦附近的欧洲核子研究中心，运行于20世纪90年代。碰撞引起的粒子喷注与理论预言的夸克、反夸克和胶子流模式相符。这些喷注表明了过程中这些实体的意义，它们不是通常意义上观察到的粒子。

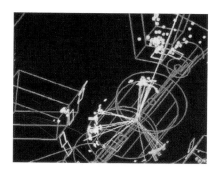

图版2 两喷注过程，我们将它解释为一个夸克和一个反夸克的体现。

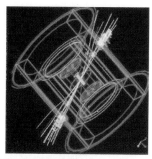

(a)

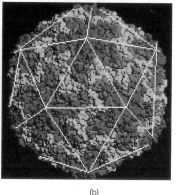

(b)

图版3 通过二十面体来说明科学、艺术和现实中的对称性。 (a)二十面体有20条相等的边，它们全都构成等边三角形。二十面体具有59种不同的对称性操作，也就是说，二十面体在59种不同的旋转下仍与本身全同(只是某些边的位置相交换)。与之相比，一个等边三角形只有2种不同的对称性操作。打个比喻说，量子色动力学的对称性与量子电动力学的对称性相比，就好比二十面体的对称性与等边三角形的对称性相比。 (b)巨量的对称性允许我们将复杂的结构还原为简单的组件，图中所示的是一种普通感冒病毒的DNA(或RNA)。注意它在结构上与(a)的相似性！

图版4 量子网格的深层结构。这是量子色动力学胶子场的一个典型活动模式。这些模式是我们对强子质量进行成功计算的核心结果，正如第八章中讨论的，因此我们可以相信，他们是对实在的反映。

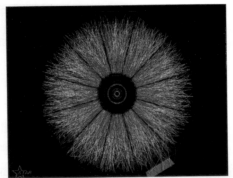

图版5 重离子碰撞的最终结果 —— 大爆炸的一个微型版本。

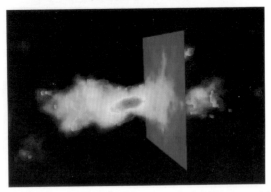

图版6 网格的扰动。夸克和反夸克已在左侧注入。由于扰动能量局限于一小空间区域，动态平衡很快建立起来。网格涨落被平均掉了，只留下超出能量的净分配。通过取一截面图，我们发现粒子内的能量分布出现重构情形：对于如图所示的情形，即产生了π介子。总能量根据爱因斯坦第二定律提供了π介子的质量。

图版7 塞壬迷人的歌声引得我们抛弃舒适确定的航道而驶往险峻的峭岸。她答应展示美和光明。她是教育我们，还是在勾引我们？

图版8 从空中俯瞰大型强子对撞机。汝拉山和日内瓦湖构成一道神秘的背景。这里采用了一些图像处理技术，实际上整个机器都在地下。

图版9 大型强子对撞机上处于建造初期阶段的ATLAS探测器。建成之后，随着这个庞大的，由密密麻麻的磁体、传感器和超快电子学器件组成的探测器的运行，我们将能得到在10^{-27}秒时间内拍下的空间分辨能力为10^{-17}厘米的径迹照片！

图版10 看得见的黑暗。暗物质不发光，它的"面目"只有通过其引力对普通物质运动的影响展现出来。通过图像处理，我们可以看见引力影响下的世界。ROSAT卫星照片显示了在伪紫色背景下凸显的被约束住的热气体。它提供了存在远大于星系内部作用的引力的明确证据。这种额外的引力是由暗物质引起的。许多力图改进物理方程的设想都预言了新的物质形式，其性质使其成为良好的暗物质候选。也许用不了多久，我们就能知道这些设想是否符合实际。

图版11 本书作者与著名博客作家Betsy Devine在大型强子对撞机的另一个主要探测器CMS内留影。CMS全称为"密绕(!)u子螺线管"。